과학공화국 물리법정

과학공화국 물리법정 7

일과 에너지

초판 1쇄 발행일 | 2007년 9월 25일
초판 19쇄 발행일 | 2023년 12월 1일

지은이 | 정완상
펴낸이 | 정은영
펴낸곳 | (주)자음과모음

출판등록 | 2001년 11월 28일 제2001-000259호
주소 | 10881 경기도 파주시 회동길 325-20
전화 | 편집부 (02)324-2347, 경영지원부 (02)325-6047
팩스 | 편집부 (02)324-2348, 경영지원부 (02)2648-1311
e-mail | jamoteen@jamobook.com

ISBN 978-89-544-1461-6 (04420)

과학공화국 물리법정

7
일과 에너지

정완상(국립 경상대학교 교수) 지음

(주)자음과모음

이 책을 읽기 전에

생활 속에서 배우는 기상천외한 과학 수업

물리와 법정, 이 두 가지는 전혀 어울리지 않은 소재들입니다. 그리고 여러분에게 제일 어렵게 느껴지는 말들이기도 하지요. 그럼에도 불구하고 이 책의 제목에는 분명 '물리법정'이라는 말이 들어 있습니다. 그렇다고 이 책의 내용이 아주 어려울 거라고 생각하지 마세요.

저는 법률과는 무관한 과학을 공부하는 사람입니다. 하지만 '법정'이라고 제목을 붙인 데에는 이유가 있습니다.

이 책은 우리의 생활 속에서 일어나는 여러 가지 재미있는 사건을 다루고 있습니다. 그리고 물리적인 원리를 이용해 사건들을 차근차근 해결해 나간답니다. 그런데 크고 작은 사건들의 옳고 그름을 판단하기 위한 무대가 필요했습니다. 바로 그 무대로 법정이 생겨나게 되었답니다.

왜 하필 법정이냐고요? 요즘에는 〈솔로몬의 선택〉을 비롯하여 생활 속에서 일어나는 사건들을 법률을 통해 재미있게 풀어 보는 텔레비전 프로그램들이 많습니다. 그리고 그 프로그램들이 재미없다고 느껴지지도 않을 겁니다. 사건에 등장하는 인물들이 우스꽝스럽고, 사건을 해결하는 과정도 흥미진진하기 때문입니다. 〈솔로몬의 선택〉이 법률 상식을 쉽고 재미있게 얘기하듯이, 이 책은 여러분의 물리 공부를 쉽고 재미있게 해 줄 것입니다.

여러분은 이 책을 읽고 나서 자신의 달라진 모습에 놀랄 겁니다. 과학에 대한 두려움이 싹 가시고, 새로운 문제에 대해 과학적인 호기심을 보이게 될 테니까요. 물론 여러분의 과학 성적도 쑥쑥 올라가겠죠.

물리학은 항상 정확한 판단을 내릴 수 있습니다. 왜냐하면 물리학의 법칙은 완벽에 가까운 진리이기 때문입니다. 저는 그 진리를 여러분이 조금이라도 느끼게 해 주고 싶습니다. 과연 제가 의도대로 되었는지는 여러분의 판단에 맡겨야겠지요.

끝으로 이 책을 내도록 용기와 격려를 아끼지 않은 (주)자음과모음의 강병철 사장님과 빡빡한 일정에도 불구하고 좋은 시리즈를 만들기 위해 함께 노력해 준 자음과모음의 모든 식구들, 그리고 진주에서 작업을 도와준 과학 창작 동아리 'SCICOM'의 식구들에게 감사를 드립니다.

진주에서

정완상

목차

이 책을 읽기 전에 생활 속에서 배우는 기상천외한 과학 수업 4
프롤로그 물리법정의 탄생 8

제1장 일에 관한 사건 13

물리법정 1 일①-아무것도 하지 않은 일
물리법정 2 일②-대걸레를 눕혀요
물리법정 3 일률①-일률로 일당을 줘야죠
물리법정 4 일률②-언덕길은 저단 기어를 써야지요
과학성적 끌어올리기

제2장 운동량에 관한 사건 69

물리법정 5 운동량-가벼운 사람은 멈추게 하기 쉽다니까
물리법정 6 운동량 보존①-회전원판 돌리기
물리법정 7 운동량 보존②-가만있던 차가 움직이다니!
과학성적 끌어올리기

제3장 에너지에 관한 사건 107

물리법정 8 에너지 보존-바이킹의 자리 값
물리법정 9 위치 에너지-위치 에너지의 기준을 줘야죠
물리법정 10 운동 에너지-무겁다고 운동 에너지가 큰가?
물리법정 11 에너지와 마찰-스키드 자국과 스피드
물리법정 12 에너지 보존-눈썰매장 벽이 너무 가깝잖아요?
물리법정 13 무게중심과 회전-갈비 세트가 떨어진 이유
물리법정 14 회전 운동의 에너지-비탈에선 굴러라
물리법정 15 회전①-야구 배트의 길이와 안타
물리법정 16 회전②-안유연 양의 원통 쇼
과학성적 끌어올리기

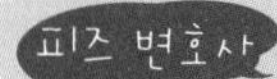

제4장 도구의 이용에 관한 사건 211

물리법정 17 지레①-축구공이 나무에 걸렸어요
물리법정 18 지레②-그래도 지구는 들 수 있다
물리법정 19 고정 도르래-우물물 긷다가 빠졌어요
물리법정 20 도르래-도르래 가게의 참사
물리법정 21 비탈의 이용-못과 나사못
물리법정 22 축바퀴-돌아가지 않는 나사
과학성적 끌어올리기

에필로그 물리와 친해지세요 286

프롤로그

물리법정의 탄생

과학을 좋아하는 사람들이 모여 사는 과학공화국이 있었다. 과학공화국 국민들은 어릴 때부터 과학을 필수 과목으로 공부하고, 첨단과학으로 신제품을 개발해 엄청난 무역 흑자를 올리고 있었다. 때문에 과학공화국은 세상에서 가장 부유한 나라가 되었다.

과학에는 물리학, 화학, 생물학 등이 있는데 과학공화국 국민들은 다른 과학 과목에 비해서 유독 물리학을 어려워했다. 돌멩이가 떨어지는 것이나 자동차의 충돌 사고, 놀이 기구의 작동 원리, 정전기를 느끼는 일 등과 같은 물리적인 현상은 주변에서 쉽게 관찰되지만, 그러한 현상들의 원리를 정확하게 알고 있는 사람은 드물었다.

그 이유는 과학공화국의 대학 입시 제도와 관련이 깊었다. 대부분의 고등학생들은 대학 입시에서 높은 점수를 받기 쉬운 화학, 생물을 선호하고 물리를 멀리했다. 학교에서는 물리를 가르치는 선생님들이 줄어들었고, 선생님들의 물리 지식 수준 역시 낮아졌다.

이런 상황에서도 과학공화국에서는 물리를 이해해야 해결할 수 있는 크고 작은 사건들이 많이 일어났다. 그런데 사건의 상당수가 법학을 공부한 사람들로 구성된 일반 법정에서 다루어지고 있어 정확한 판결을 내리기가 힘들었다. 이로 인해 물리학을 잘 모르는 일반 법정의 판결에 불복하는 사람들이 많아져 심각한 사회 문제로 떠오르고 있었다. 그러자 과학공화국의 박과학 대통령은 회의를 열었다.

대통령이 힘없이 말을 꺼냈다.

"이 문제를 어떻게 처리하면 좋겠소?"

법무부 장관이 자신 있게 말했다.

"헌법에 물리적인 부분을 좀 추가하면 어떨까요?"

대통령이 못마땅한 듯 대답했다.

"좀 약하지 않을까?"

의사 출신인 보건복지부 장관이 끼어들었다.

"물리학과 관계된 사건에 대해서는 물리학자를 법정에 참석시키면 어떨까요? 의료 사건의 경우 의사를 참석시켰더니 매우 성공적이었거든요."

내무부 장관이 보건복지부 장관에게 항의했다.

"의사를 참석시켜서 뭐가 성공적이었소? 의사들의 실수로 인한 의료 사고를 다루는 재판에서 의사가 피고(소송을 당한 사람)인 의사 편을 들어 피해자만 속출했잖소."

평소 사이가 좋지 않던 두 장관이 논쟁을 벌였다.

"자네가 의학을 알아? 전문 분야라 의사들만 알 수 있어."

"가재는 게 편이라고 의사들에게 항상 유리한 판결만 나왔잖아."

이를 지켜보던 부통령이 두 사람의 논쟁을 막았다.

"그만두시오. 우린 지금 의료 사건 얘기를 하는 게 아니잖아요. 본론인 물리 사건에 대한 해결책을 말해 보세요."

수학부 장관이 의견을 냈다.

"우선 물리부 장관의 의견을 들어 봅시다."

그때 조용히 눈을 감고 있던 물리부 장관이 말했다.

"물리학으로 판결을 내리는 새로운 법정을 만들면 어떨까요? 한마디로 물리법정을 만들자는 겁니다."

침묵을 지키고 있던 박과학 대통령이 눈을 크게 뜨고 물리부 장관을 쳐다보았다.

"물리법정!"

물리부 장관이 자신 있게 말했다.

"물리와 관련된 사건은 물리법정에서 다루는 거죠. 그리고 그 법정에서의 판결들을 신문에 실어 널리 세상에 알리면 사람들이 더 이상 다투지 않고 자신의 잘못을 인정할 겁니다."

법무부 장관이 물었다.

"그럼 물리와 관련된 법을 국회에서 만들어야 하잖소?"

"물리학은 정직한 학문입니다. 사과나무의 사과는 땅으로 떨어지지 하늘로 치솟지 않습니다. 또한 양의 전기를 띤 물체와 음의 전기를 띤 물체 사이에는 서로 끌어당기는 힘이 작용하죠. 이것은 지위와 나라에 따라 달라지지 않습니다. 이러한 물리적인 법칙은 이미 우리 주위에 있으므로 새로운 물리법을 만들 필요는 없습니다."

물리부 장관의 말이 끝나자 대통령은 환하게 미소를 지으며 흡족해했다. 이렇게 해서 과학공화국에는 물리 사건을 담당하는 물리법정이 만들어지게 되었다.

이제 물리법정의 판사와 변호사를 결정해야 했다. 하지만 물리학자는 재판 진행 절차에 미숙하므로 물리학자에게 재판 진행을 맡길 수 없어, 과학공화국에서는 물리학자들을 대상으로 사법 고시를 실시하게 되었다. 시험 과목은 물리학과 재판 진행법, 두 과목이었다.

많은 사람들이 지원할 거라 기대했지만 세 명의 물리 법조인을 선발하는 시험에 세 명이 지원했다. 결국 지원자 모두 합격하는 해프닝을 연출했다. 1등과 2등의 점수는 만족할 만한 점수였지만 3등을 한 물치는 시험 점수가 형편없었다. 1등을 한 물리짱이 판사를 맡고 2등을 한 피즈와 3등을 한 물치가 원고(법원에 소송을 한 사람) 측과 피고(소송을 당한 사람) 측의 변론(법정에서 주장하거나 진술하는 것)을 맡게 되었다.

이제 과학공화국의 사람들 사이에서 벌어지는 수많은 사건들이 물리법정의 판결을 통해 원활히 해결될 수 있었다. 그리고 국민들은 물리법정의 판결들을 통해 물리를 쉽고 정확히 알게 되었다.

일에 관한 사건

일① – 아무것도 하지 않은 일

일② – 대걸레를 눕혀요

일률① – 일률로 일당을 줘야죠

일률② – 언덕길은 저단 기어를 써야지요

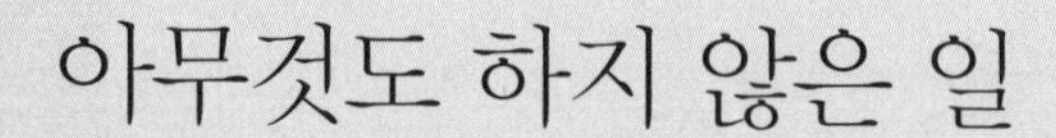

아무것도 하지 않은 일

물체를 움직인 높이와 한 일에는 어떤 관계가 있을까요?

사이욘스 출판사 사장인 조잔한 씨는 직원들을 귀찮게 하는 데 있어서는 둘째가라면 서러운 사람이었다. 조사장은 과학을 너무 좋아하는 터라 생활의 모든 것에 과학을 결부시켜 직원들을 당황하게 만들기 일쑤였다. 매일 모든 직원들을 대상으로 과학 상식 테스트를 하거나 알쏭달쏭한 과학 문제를 내놓고는 문제를 해결하라고 하여 직원들이 밤늦게까지 집에 돌아가지 못하는 경우도 많았다. 덕분에 사이욘스 출판사의 직원들은 하루도 마음 편할 날이 없었다.

특히 얼마 전에 새로 들어온 신입 사원 운업수 씨는 이런 일을 처음 겪는지라 더욱 견디기 힘들었다. 금방도 어디선가 불쑥 나타난 사장이 자신의 손에 있던 공을 바닥에 떨어뜨리며 힘의 값을 구하라고 하여 쩔쩔매다 온 터라, 온몸이 식은땀으로 젖어 있었다. 운업수 씨보다 한 해 먼저 들어온 선배 하수연 씨가 운업수 씨를 위로했다.

"힘 내, 어디를 가든 힘든 직장 상사는 한 명씩 있게 마련 아니겠어?"

"그래도 이렇게 어려운 과학 문제를 불쑥 풀어 보라 시키며 재미있어 하시는 직장 상사를 둔 신입 사원은 저뿐일걸요."

운업수 씨가 한숨을 쉬며 말했다.

"그래도 지금은 많이 약해지신 거다. 한창 때는 관성에 대해서 연구한다면서 우리를 버스에 태우시고는 급브레이크를 밟아 넘어뜨리신 적도 있다니깐."

"난 수영장에 끌려가서 10미터 다이빙대에서 다이빙도 했는걸."

옆에 있던 지 대리가 거들었다. 운업수 씨는 선배들의 말을 듣고 나자 눈앞이 깜깜해지는 것 같았다. 자신이 출판사에 들어온 것이 아니라 과학 전문 학교에 들어온 것만 같았기 때문이다. 그때 낯익은 목소리가 들려왔다.

"거기 세 사람 내 서재로 좀 따라와요."

운업수 씨는 갑자기 등골이 오싹해졌다. 목소리의 주인공은 바로 사장이었기 때문이었다. 세 사람은 잘못 걸렸다는 생각을 함께 하면서 사장실 옆의 서재로 무거운 발걸음을 옮겼다. 서재에는 온갖 종류의 과학 서적들이 빼곡히 꽂혀 있었다. 운업수 씨는 그 책들을 보자 더욱 기가 죽었다.

"자, 자네들이 여기 있는 책들을 내 사무실에 있는 새 책장으로 좀 옮겨 줬으면 하네. 뭐, 힘든 일이니 이 일에 대한 일당은 내가 일의 양으로 따로 계산해서 줄 테니 걱정 말고, 오늘 안으로 좀 옮겨 줄 수 있겠지?"

세 사람은 동시에 안도의 한숨을 쉬었다. 그 이유는 사장이 시킨 일이 다행히도 그냥 몸으로 때울 수 있는 일이었기 때문이었다. 사장이 서재를 나가자마자 세 사람은 본격적으로 일을 분담하여 시작했다. 먼저 하수연 씨가 책장에서 책을 꺼내 운업수 씨에게 건네주면 운업수 씨가 옆방의 지 대리에게 책을 전달하고 지 대리는 받은 책을 새 책장에다 차례로 정리하기로 하였다. 운업수 씨는 두 사람에 비해 책을 들고 옮겨야 하는 양이 많아서 훨씬 힘들었다. 반면에 책을 빼고 꽂기만 하면 되는 두 사람은 일이 힘들게 느껴지지 않았다. 그렇게 하루 종일 책을 옮기고 나자 드디어 끝이 보이기 시작했다. 서재의 책들은 거의가 새 책장으로 옮겨졌고 마침내 운업수 씨가 마지막 책을 지 대리에게 전달하고 나서 만세를 외쳤다.

"아이고, 머리, 어깨, 무릎 안 쑤시는 데가 없구나."

엄살을 떨며 어깨를 두드리는 지 대리에게 하수연 씨가 톡 쏘았다.

"어머? 지 대리님이 뭐가 힘들었어요? 계속 왔다 갔다 하며 무거운 책을 옮긴 운업수 씨가 힘들었지."

운업수 씨는 어깨를 으쓱했다. 그때 사장이 사장실로 들어섰다.

"오, 일을 아주 잘해 줬네. 자, 그럼 내가 계산할 수 있게 각자 자신들이 한 일들을 모두 이야기해 보게."

세 직원은 각자 자신들이 한 일을 사장에게 보고했다. 사장은 수첩에 무언가를 열심히 적어 내려갔다. 그리고는 먼저 하수연 씨에게 봉투 하나를 내밀었다. 지 대리에게도 봉투를 주었다. 마지막으로 운업수 씨도 봉투를 받았다. 운업수 씨는 자신이 가장 힘든 일을 했으니 자신의 일당이 가장 많을 것이라고 기대하며 봉투 속을 들여다보았다. 하지만 곧 놀라움과 당황스러움으로 인해 두 눈이 휘둥그레졌다.

"이게 뭐야!"

봉투는 텅텅 비어 있었던 것이었다. 하수연 씨와 지 대리의 봉투에는 돈이 들어 있었으나 가장 힘든 일을 한 운업수 씨의 봉투에는 돈은커녕 먼지 하나 없었다. 운업수 씨는 억울하고 분한 마음에 사장을 물리법정에 고소하기에 이르렀다.

한 일의 양은 물체에 작용하는 힘과
이 힘에 의해 물체가 이동한 거리의 곱으로 나타냅니다.

어째서 가장 힘든 일을 한
운업수 씨의 봉투만 텅텅 비어 있었을까요?
물리법정에서 알아봅시다.

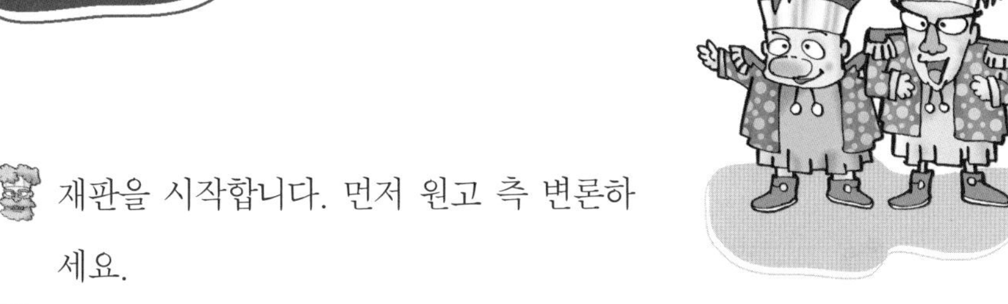

재판을 시작합니다. 먼저 원고 측 변론하세요.

요즘 버젓이 일을 하고도 악덕 사장에게 월급을 받지 못하는 사람이 매우 많다고 합니다. 오늘의 피고도 마찬가지 아닙니까? 거기다 다른 곳도 아니고 과학공화국에서 가장 유명한 출판사인 사이욘스에서 이런 일이 벌어지다니. 정말 동네 창피해서 원…….

변호사가 창피할 필요는 없지요. 그런 것에 신경 쓰지 말고 변론이나 잘하세요. 지금 그 모습이 더 동네 창피합니다.

네, 알았다고요. 아무튼 간에 일을 하고도 돈을 받지 못했다는 사실은 변함없으니 피고는 명백한 유죄입니다.

그럼 피고 측 변론하세요.

네, 그 전에 저희는 중력연구소 김이중 씨를 증인으로 요청합니다.

좋습니다. 그럼 증인, 올라오세요.

온몸에 추를 주렁주렁 단 특이한 복장의 남자가 증인석에 올라섰다. 보는 사람도 안타까울 만큼 무거운 많은 수의 추들이 몸에서 쩔렁거리며 부딪치자 김이중 씨 스스로도 인상을 찌푸리며 비틀거렸다. 그 모습에 모두들 그만 웃음을 터트렸다.

 원고는 일을 했다고 볼 수 있습니까?

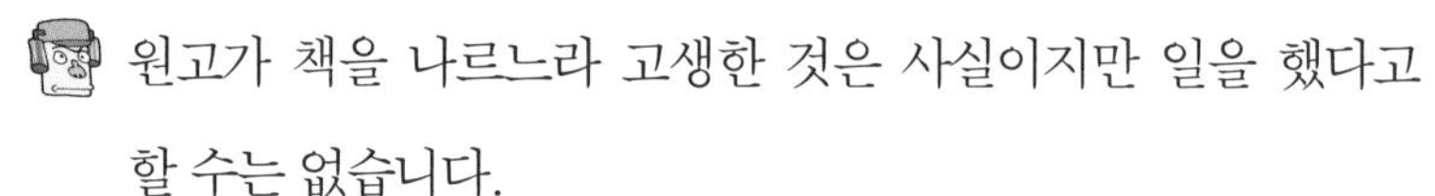

원고가 책을 나르느라 고생한 것은 사실이지만 일을 했다고 할 수는 없습니다.

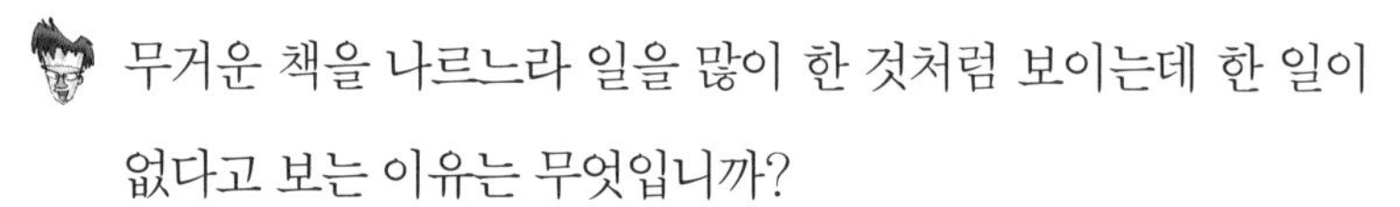

무거운 책을 나르느라 일을 많이 한 것처럼 보이는데 한 일이 없다고 보는 이유는 무엇입니까?

먼저 일의 의미를 알아야 합니다. 일이란 물체를 밀었을 때 힘이 작용한 방향으로 움직이는 것을 의미하고 일의 양은 물체에 준 힘과 힘이 작용한 방향으로 물체가 이동한 거리의 곱이 됩니다. 원고가 힘들게 노동을 했지만 일이라고 인정 할 수 없는 이유도 여기에 있습니다. 원고의 경우 책을 들고 나르는 동안 책을 드는 데 사용한 힘은 연직(중력의 방향) 위 방향이지만 실제로 책을 들고 이동한 것은 힘의 방향과 수직인 앞 방향이었습니다. 힘의 방향과 물체의 이동 방향이 수직일 때는 일을 했다고 볼 수 없습니다. 그러므로 일의 양은 0이 되고 피고는 원고가 한 일에 대한 대가를 지불할 필요가 없습니다.

책장에서 책을 정리하는 일을 한 사람들은 오히려 힘든 것 같지 않은데 돈을 받았다면 일을 했다고 인정하는 겁니까?

 책꽂이에 책을 정리한 사람들의 경우는 책을 들어 책꽂이에 꽂을 때, 책을 들기 위해 힘을 연직 위로 가했고 책도 위쪽으로 들어 올려져 책꽂이에 꽂혀졌기 때문에 힘과 책의 이동 방향이 같게 되어 일을 했다고 볼 수 있지요. 책을 드는 데 사용한 힘은 책의 질량과 중력 가속도의 곱이 되므로 일의 양은 '책의 질량×중력 가속도×책을 들어 올린 높이'가 됩니다.

 안타깝게도 원고는 열심히 일했다고 생각할 수 있겠지만 돈을 받지 못한 것에 대해 항의할 수는 없군요. 어떻든 피고가 일의 양을 제대로 측정했으니 원고는 이 사건에 대한 결과를 받아들여야 합니다.

 일을 할 때는 자신이 하는 일이 일로 인정이 되는지, 일의 양은 어느 정도인지를 잘 파악해야 임금도 제대로 받을 수 있겠군요. 피고 측 변론이 과학적이면서도 객관적이라고 인정되므로 원고는 한 일이 없다고 판단됩니다. 앞으로도 일의 양을 기준으로 대가가 지불된다면 일의 양을 생각하는 태도를 가지는 것이 좋겠군요. 이상으로 재판을 마치도록 하겠습니다.

재판 결과가 황당하긴 했으나 운업수는 과학을 좋아하는 조잔해 사장을 이해하기로 했다. 조잔해 사장도 월급을 지급하진 않았지만

운업수에게 과학과 관련된 도서를 몇 권 사 주었다. 제대로 공부해서 많은 돈을 받아 가라는 의미를 담아서 선물한 것이다.

물체에 힘을 작용하여 물체가 일정 거리를 움직였을 때 힘이 물체에 한 일의 크기는 이동 거리와 이동 거리 방향으로의 힘의 크기를 곱한 것이 됩니다.

대걸레를 눕혀요

대걸레를 이용해 효율적으로
청소할 수 있는 방법은 무엇일까요?

가정부 왕깔끔 씨는 청소계의 여왕이다. 그녀가 가는 곳은 어느 곳이든지 반짝반짝 빛이 났다. 그녀의 청소 실력은 아마도 세계에서 으뜸일 것이다. 방송국에서도 그런 그녀를 '달인'이라 부르며 취재를 하러 오기도 했다.

"왕깔끔 씨! 청소를 잘하는 비법이 뭡니까?"

"그냥, 열심히 하는 거죠! 호호호."

왕깔끔 씨의 하루 일상은 매우 바빴다. 아침 일찍 일어나 도움을 요청한 집에 가서 아침 청소를 하고 설거지를 한다. 그다음 빨래를 하고 집안의 물품들을 정리한 뒤 점심을 준비한다. 그러고 난 후 또 다시 설거지를 하고 집안 청소를 다시 한 번 하는 것이었다.

"정말 하루 종일 청소를 하시는군요! 대단하십니다. 그런데 시간이 너무 오래 걸리는 거 아닌가요?"

"당연히 시간이 오래 걸리지요! 청소라는 게 대충해서는 절대 안 됩니다. 오랜 시간에 걸쳐 꼼꼼하게 해야 비로소 청소라고 할 수 있습니다. 호호호!"

왕깔끔 씨는 몇 년 동안 청소 하나만으로 많은 돈을 벌었다.

어느 날, 과학공화국의 재벌 그룹 회장인 나꼼꼼 씨에게 가정부의 도움이 필요한 일이 생기게 되었다. 나꼼꼼 씨는 돈은 어마어마하게 많았지만 자린고비로 유명했으며, 유명세에 걸맞게 항상 돈을 아끼느라 집도 그리 호화롭지 않았다. 집안일도 모두 아내의 몫일 뿐 다른 사람의 손을 빌리지 않았다. 그런데 아내가 친정에 가 있는 동안 갑작스러운 모임을 열게 되어 하루 정도 가정부를 고용하게 되었다. 급한 대로 도우미를 알선해 주는 회사에 전화를 걸었다.

"나 나꼼꼼입니다. 우리 집으로 청소 잘하는 가정부 한 명 보내 주세요."

"앗! 회장님! 그럼 우리 과학공화국에서 가장 청소를 잘하기로 소문난 왕깔끔 씨를 보내 드리겠습니다."

"왕깔끔? 뭐, 유명하든 안 유명하든 그거는 상관없어요! 청소만 잘하면 됐지. 아무튼 그 사람 당장 보내 주세요. 급하니까……."

"네, 회장님. 한 시간 안에 보내 드리겠습니다. 참! 그런데 그 왕깔끔 씨의 일당이 다른 분들에 비해 조금 비쌉니다."

"뭐, 청소를 잘한다니까…… 일단 보내 주세요."

"예, 알겠습니다."

왕깔끔 씨는 그동안 일을 하느라 가족들과 제대로 된 여행을 한 번도 가지 못했었다. 그래서 오늘은 큰마음 먹고 여행을 떠나기로 했다. 그런데 전화벨이 울렸다.

'따르릉!'

"여보세요?"

"왕깔끔 씨 댁입니까?"

"그런데요?"

"예, 여기는 재벌 그룹의 비서실입니다. 저희 회장님 댁에 급하게 가정부가 필요해서 그러는데…… 오늘 하루만 도와주시면 됩니다."

"죄송해요. 전 오늘 가족들이랑 여행을 떠나기로 해서 일을 할 수 없습니다."

"급여는 최고로 대우해 드리겠습니다."

"뭐, 그래도 가족들과……."

"깔끔 씨가 원하시는 대로 일당을 드리겠습니다."

"네? 제가 원하는 대로요?"

왕깔끔 씨는 순간 마음이 바뀌었다. 자신이 원하는 대로 급여를 준다는 경우는 처음이었다. 그것도 재벌 그룹 회장집이라면 터무니없이 비싼 금액을 요구해도 줄 것 같았다.

"물론입니다. 주소를 알려 드릴 테니 지금 바로 찾아오셨으면 합니다."

"좋아요! 당장 가도록 하죠."

가족들 모두 여행 가방을 도로 풀었다.

"엄마! 오늘 여행 간다고 했으면서…… 거짓말쟁이!"

"지금 여행이 중요하니? 잘만 하면 더 좋은 데로 여행 갈 수 있어! 호호호! 여보 미안해요. 하루만 미룹시다. 네?"

"돈도 벌만큼 벌었으면서 왜 그렇게 악착같이 일을 해? 그리고 오늘 여행은 이미 오래전부터 약속했던 거잖아! 엄마라는 사람이 하나밖에 없는 아들한테 거짓말쟁이 소리나 듣고. 무슨 돈 욕심이 그렇게 많아? 나는 우리 똘이랑 둘이서 여행 갈 테니까 당신은 마음대로 해!"

남편과 아들은 가방을 들고 나섰다. 따라 나갈까 하는 생각도 했지만 이번처럼 좋은 기회 또한 놓치고 싶지 않았다.

'일단 오늘은 일을 하자. 그리고 똘이랑 그이한테는 비싼 선물이라도 사서 풀어 줘야겠어.'

왕깔끔 씨는 나꼼꼼 씨의 집에 도착했다. 생각보다 집은 그리 크지 않았다.

'딩동'

"누구세요?"

"오늘 청소하러 온 왕깔끔입니다."

"네, 들어오십시오."

왕깔끔 씨는 집에 들어서자마자 일을 하기 전 먼저 계약 조건을 제시하였다.

"제가 원하는 대로 일당을 주시겠다고요?"

"뭐, 그렇습니다."

"저는 시급으로 급여를 받습니다. 1시간에 1달란을 주십시오!"

"시급이오? 1시간에 1달란씩이나?"

"제가 워낙 청소를 깔끔하게 하니 그 정도의 급여는 주셔야지요. 싫으시면 뭐…… 그냥 가겠습니다."

나꼼꼼 씨는 잠시 고민에 빠졌다.

'1시간에 1달란이라! 완전 칼만 안 들었지 도둑이구먼. 그래도 급한데 어쩔 수 없지. 기껏 해야 5시간 정도밖에 더 걸리겠어?'

마음속으로 협상을 하고 나서 다시 말했다.

"뭐, 그럼 최대한 깨끗하게 청소해 주십시오. 내일 저희 집에서 중요한 모임이 있습니다."

"깨끗한 거라면 걱정하지 마세요! 제가 좀 유명하거든요? 텔레비전을 안 보시나 봐요? 저 얼마 전에 '달인' 프로그램에 출연했는데. 호호호!"

왕깔끔 씨는 호들갑을 떨며 말했다. 나꼼꼼 씨는 아무런 반응 없이 차분한 어조로 말했다.

"제가 원래 뉴스 빼고는 텔레비전을 잘 안 봅니다. 그리고 최대한 빨리 좀 일을 끝내 주세요. 또 수다는 떨지 말아 주세요. 저는 시끄러운 것도 질색이니까."

나꼼꼼 씨는 주말을 맞아 그동안 못 잤던 잠을 자기 위해서 침실로 들어가 정신없이 잠에 빠져들었다. 왕깔끔 씨는 청소를 시작했다.

'쳇! 정말 까다로운 사람이군! 뭐! 나는 청소하고 돈만 받으면 되니까. 우리 똘이랑 그이한테 선물을 주려면 10달란 정도? 호호호. 10달란이면 다른 집들 10군데는 일해야 하는 돈인데. 호호호'

그녀는 최대한 청소를 오랫동안 해야 했다. 그래야 시급을 많이 받을 수 있기 때문이다. 아침 9시부터 시작한 청소는 저녁 7시가 되어서야 끝이 났다. 시간 가는 줄 모르고 잠에 푹 빠져 있던 나꼼꼼 씨는 왕깔끔 씨의 목소리에 잠이 깼다.

"회장님! 회장님!"

'뭐야? 일부러 자는 척하는 거 아냐?'

부스스한 모습으로 나꼼꼼 씨는 침실에서 나왔다.

"무슨 일입니까?"

"청소 다 했습니다. 일당을 계산해주세요!"

"우선 얼마나 깨끗이 하셨는지부터 검사를 좀 하겠습니다."

"네?"

"무턱대고 돈을 먼저 드릴 수는 없지 않습니까?"

"참나, 마음껏 검사해 보세요."

나꼼꼼 씨는 검사를 하다가 벽에 걸린 시계를 보았다.

'엥? 7시? 저녁 7시? 그럼 10시간이나 걸려서 청소를 한 거야?'

"아주머니! 10시간이나 청소를 하셨습니까?

"네, 회장님! 10시간 일했으니 급여를 계산해 주십시오! 10달란입니다."

아무리 생각해도 이해할 수 없었다. 이 정도의 규모라면 길어 봐야 5시간 정도일 것이다.

"이봐요. 아주머니! 그럼 잠깐 저에게 청소하는 모습을 보여 주세요. 자! 이 대걸레로 걸레질을 해 보세요."

그러자 왕깔끔 씨는 대걸레를 거의 수직에 가깝게 세워서 밀어댔다.

"아주머니! 그럼 온종일 이런 식으로 집안 청소를 하셨습니까?"

"물론이죠?"

"그러니까 10시간이나 걸리죠. 대걸레를 좀 더 눕혀서 했다면 같은 시간 동안 더 많은 양의 일을 했을 텐데요."

"아무튼 난 10시간 동안 일했으니까 약속했던 대로 시급으로 계산해서 10달란 주세요!"

"줄 수 없습니다."

단호한 나꼼꼼 씨의 말에 왕깔끔 씨는 펄쩍 뛰며 화를 냈다.

"실컷 일을 부려먹고 돈을 안 주겠다니, 당신 고소하겠어요!"

"돈을 아예 안 준다는 건 아닙니다. 당신이 고의적으로 일을 적게 하는 방법으로 걸레질을 했기 때문에 5달란만 드린다는 말입니다."

5달란도 많은 돈이었지만 왕깔끔 씨가 목표했던 액수가 아니었기에 이대로 물러날 수 없었다.

"10달란을 받기 전에는 이곳에서 한 발짝도 움직일 수 없어요!"

급기야 왕깔끔 씨는 거실에 큰 대자로 누웠다. 나꼼꼼 씨는 그녀의 행동에 화가 났다.

"당신! 당장 일어나지 않으면 물리법정에 고소하겠소!"

"마음대로 하시죠!"

"이 사람이 정말……."

나꼼꼼 씨는 비서에게 전화를 했다.

"김 비서! 물리법정에 좀 다녀와야겠어! 가정부 아주머니가 얕은 수를 써서 나를 속이려 했네. 지금 바로 법정으로 가서 고소하게!"

다음 날 물리법정에서 만난 왕깔끔 씨와 나꼼꼼 씨는 서로 얼굴을 붉혀야 했다.

일은 힘과 진행 방향의 거리를 곱한 양이기 때문에 대걸레를 밀때 바닥과 수직으로 세우면 대걸레를 미는 힘의 이동 방향 성분이 작아져 전체 일의 양이 작아지게 됩니다.

대걸레를 수직으로 세우는 것보다 눕히면 더 많은 일을 하게 되나요?
물리법정에서 알아봅시다.

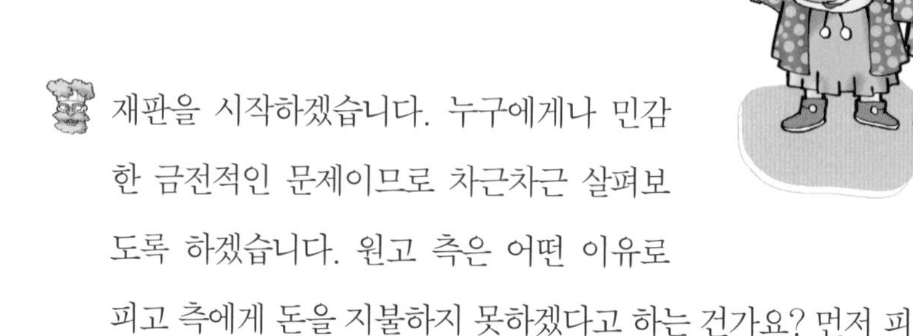

재판을 시작하겠습니다. 누구에게나 민감한 금전적인 문제이므로 차근차근 살펴보도록 하겠습니다. 원고 측은 어떤 이유로 피고 측에게 돈을 지불하지 못하겠다고 하는 건가요? 먼저 피고 측 변론을 들어보도록 하겠습니다.

피고는 청소업계에서는 알아주는 청소의 달인으로 소문이 난 사람입니다. 원고는 깨끗하게 청소하는 사람을 보내 달라고 했고 피고가 원하는 만큼의 돈을 지불하기로 약속했습니다. 그런데 10시간을 일하고 10달란을 요구하는 피고에게 5시간에 대한 비용 5달란만 주겠다고 합니다. 약속을 지키지 않은 원고는 오히려 큰소리치며 피고를 고소한 것입니다. 원고는 당장 피고에게 사과하고 피고의 정신적 피해에 대한 보상을 하십시오. 10달란의 두 배인 20달란을 지불할 것을 요구합니다.

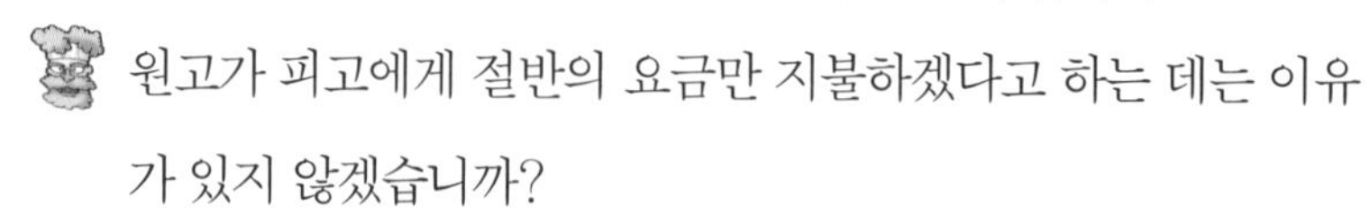

원고가 피고에게 절반의 요금만 지불하겠다고 하는 데는 이유가 있지 않겠습니까?

원고는 피고의 청소 방법이 마음에 안 든다고 합니다. 대걸레를 세워서 닦았다는 것이 청소를 제대로 하지 않았다는 이유가 될 수 있습니까? 눕혀서 닦으면 청소 시간이 반으로 줄어드는 것도 아닌데 절반의 요금을 준다는 것은 인정할 수 없습니다.

 대걸레를 세워서 닦는 것이 일이 느려지는 이유가 아닐까요? 원고는 5시간이면 충분하다던 일을 10시간 동안 했다고 하니 원고가 그렇게 주장하는 이유를 들어보도록 해야겠군요. 원고 측 변론을 들어보겠습니다.

 청소 아주머니는 청소의 달인이 아니라, 오히려 비효율적으로 청소를 한다고 말할 수 있습니다. 한마디로 말씀 드리면 대걸레로 닦는 방법에 따라 일의 양이 달라집니다.

 그게 무슨 소리죠?

 자세한 설명을 위해 증인을 모셨습니다. 증인은 일과 에너지의 관계를 이론적으로 정립하신 분으로, 현재 물리학회 회장을 맡고 계신 한열심 회장님입니다.

 증인 요청을 받아들이겠습니다.

60이 넘어 보이는 남성은 부지런한 성격으로 하루 종일 맡은 업무를 마치고 오느라 결린 어깨와 허리를 두드리면서 들어왔다.

 대걸레질을 할 때 더 많은 일을 하는 방법이 있습니까?

 있습니다.

어떤 방법이죠?

 일이란 힘과 진행 방향의 거리를 곱한 양입니다. 그런데 힘이 이동 방향과 나란하지 않을 때는 힘의 이동 방향 성분만이 일에 기여하지요. 이때 대걸레를 세우면 대걸레를 미는 힘의 이동방향 성분은 작아져 같은 거리를 밀더라도 일의 양은 작아집니다. 만일 대걸레를 좀 더 눕히면 대걸레를 미는 힘의 이동 방향 성분은 커지게 되므로 일의 양은 많아집니다.

 그렇다면 수직 방향의 힘은 어떻게 됩니까?

 수직 방향의 힘은 바닥을 누른 힘으로 일에는 기여하지 않습니다. 다만 바닥을 누른 힘은 마찰을 증가시키는 역할을 하기 때문에 단단하게 붙은 이물질을 닦는 데는 도움이 되겠지만 일을 하는 힘은 아닙니다. 누르는 수직 힘에 대해 바닥이 받아내는 힘을 수직 항력이라고 하는데 만약 바닥의 수직 항력이 누르는 힘을 받아내지 못하면 바닥은 무너지거나 구멍이 나겠지요. 보통의 경우 바닥은 단단하므로 사람의 힘으로는 구멍이 날 일이 없겠지요. 하하하!

 청소부 아주머니는 대걸레를 세워서 청소했기 때문에 일의 양이 적었군요. 그러므로 피고에게 5달란 이상은 지불할 수 없습니다.

 그렇게 하도록 하죠. 원고는 피고에게 5달란을 지급하고 피고

는 자신의 잘못을 어느 정도 인정해야겠습니다. 대신 피고는 자신의 청소 습관이 왜 잘못된 것인지를 알았으니 적은 시간 동안 청소하는 방법에 대한 노하우를 쌓는 데 도움이 되셨으리라 생각되는군요. 원고와 피고 측 모두에게 이익이 되는 결과를 얻은 것 같습니다. 이상으로 재판을 마치겠습니다.

재판이 끝난 후, 결국 5달란만을 받게 된 왕깔끔 씨는 시간이 많이 걸린다고 해서 더 깨끗한 것이 아니라는 것을 알게 되었다. 그 이후 적은 시간 안에 깨끗하게 청소하는 법을 연구한 왕깔끔 씨는 청소업계 사이의 인기인으로 통해 많은 러브콜을 받게 되었다.

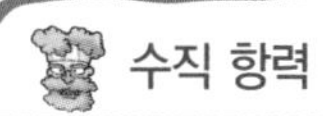

수직 항력

책상 위에 부드러운 고무판을 얹어 놓고 그 위에 두꺼운 책을 놓으면, 그 책에는 중력이 작용합니다. 책이 수직 아래쪽으로 중력과 똑같은 크기의 힘으로 고무판을 누르기 때문에 고무판은 움푹 들어가게 됩니다. 그러나 책을 제거하면 그 반작용으로 고무판은 수직 위쪽으로 똑같은 크기의 힘으로 되밀게 되어 고무판은 원래 상태로 됩니다. 이때 바닥이 물체를 위로 받치는 힘을 수직 항력이라고 합니다.

일률로 일당을 줘야죠

하루 일당은 어떻게 계산하는 걸까요?

"자! 오늘 일은 자미안 아파트 공사 현장입니다. 가실 분은 손을 번쩍 드세요! 선착순 두 명입니다."

인력 시장에서는 이른 새벽부터 인부를 구하는 소리로 시끌벅적했다.

"저요!"

"저요!"

손을 든 두 사람은 서로 눈이 마주쳤다.

"두 분! 앞으로 나오세요."

한 사람은 20대 대학생 나성실 씨였고, 다른 한 사람은 30대의 장대충 씨였다. 두 사람은 나란히 봉고차에 올라탔다.

"두 시간 정도 가야 현장에 도착하니 눈 좀 붙이세요!"

운전기사는 뒤를 돌아 보지도 않고 말했다. 나성실 씨는 먼저 말을 건넸다.

"안녕하세요? 이렇게 만난 것도 인연인데 서로 통성명이라도 해요. 저는 한국대학교 3학년 나성실입니다. 만나서 반갑습니다."

"뭐…… 나는 백수 장대충입니다. 반갑소."

성실 씨는 모든 사람들에게 친절했고, 사교성이 뛰어나 누구하고나 잘 어울렸다. 오늘 하루만 같이 일할 사람이지만 장대충 씨와 친해지고 싶었다.

"아파트 공사 현장은 가 보셨어요?"

"두세 번 정도?"

"저는 이 일이 처음이에요."

장대충 씨는 힘든 일이라고는 한 번도 안 해 봤을 것 같은 나성실 씨가 탐탁지 않았다.

"근데 험악한 일은 왜 하려는 거요? 보아하니 꽤 귀하게 자란 사람 같은데. 공사 현장은 위험하고 또 힘든 일인데……."

"갑자기 돈이 급하게 필요해서요. 며칠 뒤면 여자 친구 생일인데 제가 직접 번 돈으로 선물을 해 주고 싶어서요."

나성실 씨는 부끄러운 듯 머리를 긁적거렸다.

"참나, 나는 생계를 위해 일하는데 그쪽은 아주 여유롭구먼?"

장대충 씨는 삐딱한 평상시의 태도처럼 생각도 조금 삐뚤어진 사람 같았다. 순간 나성실 씨는 자신의 말이 실수였다는 것을 알고 다시 말했다.

"기분을 상하게 했다면 죄송합니다. 저는 단지…… 아무튼 죄송합니다."

"됐어요. 학생이 사과할 일은 아니지. 내가 못나서 이런 일이나 하고 있는 건데……."

차 안의 분위기는 급격히 냉각되었다. 현장에 도착할 때까지 두 사람은 한 마디도 주고받지 못했다.

"자, 도착했습니다. 두 분 다 내리세요!"

무뚝뚝한 운전기사의 말이 아니었다면 얼어 버렸을지도 모른다. 차에서 내리자 덩치가 큰 사람이 두 사람을 맞이했다.

"오늘 일은 10kg짜리 돌을 10m 높이로 올리는 것입니다. 할 수 있겠어요?"

"네."

"예."

"거기 학생으로 보이는데…… 이런 일 해 봤나?"

"아닙니다. 하지만 열심히 하겠습니다."

"무엇보다 안전에 주의하세요. 그럼 저쪽으로 가보세요."

작업 반장이라는 명찰을 달고 있던 그 사람은 두 사람을 자리로 데려다 주고 사라졌다. 나성실 씨는 뭐든지 열심히 하는 사람이었다. 이름 그대로 공부면 공부, 일이면 일. 최고의 노력파였다.

"영차! 영차!"

구슬땀을 흘려 가며 5분에 하나씩 돌을 옮기기 시작했다. 반면 장대충 씨는 슬로 비디오라도 찍는 건지 1시간에 겨우 하나의 돌을 힘겹게 옮겼다.

"아이고, 너무 무겁네. 천천히 해야지."

장대충 씨는 이름 그대로 정말 일을 대충해 나갔다. 그렇게 시간이 흘러 점심시간이 되었다.

"밥 먹고 합시다!"

대충 씨는 점심시간이 되자 힘이 났는지 빠른 동작으로 점심식사가 차려진 곳 앞에 앉았다. 나성실 씨는 시간 가는 줄 모르고 일에 집중했다. 그가 이렇게 열심히 하는 데는 이유가 있었다. 그의 여자친구는 일명 '된장녀' 였다. 즉 명품이 아니면 죽음을 달라는 사치의 여왕이었다. 그녀에게 줄 생일 선물을 사려면 이렇게 궂은 일이라도 하지 않으면 도저히 사 줄 수 없었다. 이번 생일에도 어김없이 명품 가방을 선물로 받고 싶다며 떼를 쓴 그녀였다.

'한 달은 이렇게 일을 해야 그 가방을 살 수 있겠어.'

비록 사치스러운 여자였지만 얼굴과 몸매는 한국대학교에서 따라올 자가 없을 정도로 예뻤다.

"이봐! 밥 먹고 하라고! 다 먹고살자고 하는 일인데…… 뭘 그렇게 열심히 하나?"

"네? 아…… 예."

나성실 씨도 밥상에 앉아 밥을 먹었다. 땀을 흘리고 먹는 밥이라 그런지 꿀맛이었다. 대충 씨는 세 그릇이나 비웠다. 일을 하러 온 건지 밥을 얻어먹으러 온 건지 알 수가 없었다. 이미 그가 먹은 밥만으로도 그의 일당은 충분해 보였다. 밥을 먹고 나서도 나성실 씨는 5분마다 돌을 하나씩 옮겼다. 하지만 대충 씨는 밥을 먹었음에도 불구하고 여전히 한 시간에 하나씩 돌을 옮겼다.

"아이고, 무거워라!"

그러면서도 온갖 불평은 다 늘어놓았다. 성실 씨는 그를 보며 자신은 저러지 말아야겠다고 생각했다. 그렇게 몇 시간이 지났다. 작업 반장이라는 사람이 두 사람에게 다가왔다.

"오늘 두 분 다 수고 많았습니다. 힘들죠?"

"아닙니다."

나성실 씨는 안전 헬멧을 벗으며 땀을 닦았다.

"일이 너무 힘드네요. 온몸이 다 아프네."

장대충 씨는 끝까지 투덜댔다. 작업 반장은 두 사람에게 각각 흰 봉투를 나누어 주었다. 그리고 두 사람은 다시 봉고차에 올라탔다. 장대충 씨는 냄새나는 양말을 벗었다.

"읍!"

발 냄새가 어찌나 지독한지 나성실 씨는 창문을 활짝 열었다. 대충 씨는 이내 코를 골며 잠이 들었다.

'저 사람…… 그렇게 꾀를 부리면서 일했는데, 일당은 제대로 받았나?'

성실 씨는 대충 씨의 일당이 궁금해졌다. 그 순간 차가 급정거를 하였다.

'끼이익!'

"아이고, 큰일 날 뻔했네. 뒤에 괜찮아요?"

운전기사는 백미러를 쳐다보며 말했다.

"괜찮아요! 아저씨는 괜찮으세요?"

"저는 괜찮습니다. 그럼 다시 출발합니다."

대충 씨는 꿈쩍도 하지 않고 계속 코를 골았다.

"대단하시다. 차가 이렇게 덜컹거리는데 끊임없이 주무시네. 특이하신 분이야. 어? 봉투가 떨어졌네."

차가 급정거를 하는 바람에 장대충 씨의 주머니에 들어 있던 일당이 든 봉투가 차 바닥에 떨어진 것이었다. 나성실 씨는 봉투를 들어 올렸다. 그런데 거꾸로 들어 올리는 바람에 안에 들어 있던 돈이 우르르 바닥에 쏟아졌다.

'이런!'

나성실 씨는 얼른 돈을 주워 봉투에 담았다.

"어라?"

순간 봉투를 다시 열어 돈을 세어 보았다.

"말도 안 돼."

일당의 액수는 나성실 씨의 것과 장대충 씨의 것이 똑같았다.

"이 아저씨는 일도 제대로 안 했는데…… 일당이 똑같다니……. 억울해……. 이런 게 어디 있어! 난 죽어라 일했는데…… 이 아저씨는 빈둥거리기만 했다고!"

나성실 씨는 봉고차에서 내리자마자 물리법정으로 향했다. 그리고 자미안 아파트 공사 현장의 작업 반장을 고소하였다.

같은 시간 동안에 한 일의 양이 많을수록,
같은 일을 할 경우 일하는 데 걸린 시간이 적을수록
일률은 더 커집니다.

일률대로 일당을 받아야 하는 것 아닌가요?

물리법정에서 알아봅시다.

 재판을 시작하겠습니다. 훨씬 많은 일을 하고도 같은 돈을 받은 원고는 자신의 권리를 찾고자 고소를 한 것이군요. 피고 측은 원고에게 일당을 다시 계산해 주는 것에 대해 어떻게 생각합니까?

 아파트 공사장에서 일당은 하루에 정해진 시간 동안 일을 하고 받아가는 것이 규칙입니다. 두 사람 모두 아침부터 저녁까지 같은 시간 동안 일을 했기 때문에 같은 돈을 준 것입니다. 피고에게 잘못이 있다고 볼 수 없기 때문에 피고는 다시 일당을 계산해 줄 의무가 없습니다.

 같은 시간 동안 일을 했지만 일의 양까지 같다고 말할 수는 없는 것 아닙니까? 시간만 보내면 된다고 하면 일을 게으르게 하더라도 일당을 받을 수 있기 때문에 나중에는 사람들 모두가 게을러져서 공사가 제대로 진행되지 않는 현상이 일어날 수도 있지 않을까요?

현재까지 정해진 규칙으로는 일한 시간에 대한 임금을 지불하는 것이 원칙입니다. 이미 지불한 임금을 다시 책정할 수 없습

니다.

 그렇다면 원고 측에서는 피고 측과 다른 모든 사람들이 인정할 만큼 객관적인 증거를 보여야 하겠군요. 원고 측의 변론을 들어보겠습니다.

 아파트 공사 현장에서 일한 두 사람은 누가 봐도 확실히 알 수 있을 정도로 일하는 양이 차이가 났습니다. 판사님 말씀처럼 일을 한 정도가 어느 정도 차이가 났는지 객관적으로 증명해 보이도록 하겠습니다. 일의 능률에 대한 논문으로 물리학회상을 받은 한능률 박사님을 증인으로 요청합니다.

 증인은 증인석으로 나오십시오.

50대 초반으로 보이는 캐주얼 차림의 남성은 무슨 일이든 빠르게 해내는 것이 습관화되어 버린 듯 법정 입구에서 증인석까지도 엄청나게 빠른 속도로 들어왔다.

 두 사람이 일을 하는데 한 사람은 5분에 하나씩 돌을 옮기는 반면 다른 사람은 세월아 가라는 식으로 1시간에 하나씩 돌을 옮겼습니다. 같은 임금을 받는 것에 대해 어떻게 생각합니까?

 임금은 일을 한 몫으로 받는 수고에 대한 돈이기 때문에 일에 합당한 돈을 받는 것이 공평합니다. 같은 시간 동안 일을 한다면 일을 많이 한 사람에게 돈을 더 많이 줘야 하고 같은 양의

일을 한다면 적은 시간 동안 일한 사람에게 혜택이 주어져야 하는 것이지요.

누구나 그렇게 생각합니다. 하지만 피고 측의 주장은 일한 시간에 대해 돈을 주기로 했기 때문에 더 많은 일을 했다고 해서 돈을 더 줄 수 없다고 합니다. 피고 측이 인정할 만한 객관적인 증명이 있어야만 하는데 가능할까요?

일률로 설명하면 되겠군요. 일률이란 일의 능률을 말하는 것으로 일한 양을 시간으로 나눈 값입니다. 즉, 같은 시간 동안에 한 일의 양이 많을수록, 같은 일을 할 경우 일하는 데 걸린 시간이 적을수록 일률은 큰 값을 가집니다. 일률이 크다는 것은 일을 하는 능력이 월등히 높다는 뜻이고 그만큼 일하는 효과가 크다는 것을 입증하지요. 원고의 경우는 5분마다 벽돌 하나씩을 옮겼고 다른 사람은 1시간마다 벽돌 하나를 옮겼다고 하니 이 경우는 같은 일을했으나 시간이 다르게 걸린 경우입니다. 당연히 시간을 적게 소비한 원고가 다른 사람보다 훨씬 많은 일을 했고 1시간은 60분이므로 원고는 다른 사람에 비해 약 12배의 일을 했다고 볼 수 있으므로 임금도 12배를 지불해야 됩니다.

12배씩이나요? 정말 엄청나게 차이가 나는군요. 원고가 1시간 동안 일을 한다면 12개의 벽돌을 옮기고 다른 사람은 1개의 벽돌을 옮긴다고 보면 쉽겠군요. 12배의 일을 하고도 같은 임금을 받아야 한다니 원고뿐 아니라 그동안 억울했던 사람이 한두 명이 아니었겠습니다. 이제 객관적인 값으로 증명이 되었으니 원고의 임금을 다시 검토해 주십시오. 12배까지는 바라지 않습니다만 적어도 절반인 6배는 지불해 주셔야겠습니다.

 이제는 피고 측에서 인정해야 할 상황이군요. 원고에게 6배의 임금을 지불하십시오. 일률의 개념을 알았으니 앞으로는 일한 만큼 임금을 받아갈 수 있도록 일률을 측정해서 일의 능률이 좋은 사람에게 더 많은 임금을 주는 것이 좋겠습니다.

재판이 끝난 후, 나성실은 자신이 일한 양만큼 일당을 받게 되었다. 그 일당으로 여자 친구의 선물을 산 나성실은 그 선물을 받고 기뻐할 여자 친구를 떠올리며 즐거워했다.

일은 물리학에서 물체가 이동 방향으로 작용하는 외부의 힘에 의해 어떤 경로를 이동할 때 외부의 힘이 전달한 에너지의 양과 같습니다. 그러므로 외부의 힘이 일정하면 일은 경로의 길이와 경로를 따라서 작용하는 힘의 성분을 곱하여 계산합니다. 물체에 한 일은 기체의 압축, 축 주위로의 회전, 자기력에 의한 운동에 의해서도 이루어집니다.

언덕길은 저단 기어를 써야지요

왜 저단 기어가 고장난 차로는
높은 곳을 오를 수 없을까요?

한무식 씨는 대학에 입학하여 20세가 되어서야 처음으로 꿈에 그리던 여자 친구가 생겼다. 여자 친구 나공주 씨는 공주병에 걸린 여자로, 두 사람은 한국대학교의 닭살 커플이 되었다.

"무식 씨, 나 다리 아파. 5분이나 걸었더니 다리에 쥐가 날 것 같아."

"우리 공주 다리 아파? 그럼 업혀, 내가 업어 줄게. 하하하."

두 사람은 캠퍼스에서 영화를 찍듯 업고 이리저리 돌아다녔다. 사람들은 그들의 애정 행각에 속이 안 좋은 듯 가슴을 툭툭 쳤다.

"무식 씨, 나 저거 먹고 싶어."

공주는 가끔 다른 사람들이 먹고 있는 음식을 얻어다 달라고 투정을 부렸다. 오늘도 역시 한 커플이 맛있게 먹고 있는 김밥을 손으로 가리키며 몸을 흔들었다. 무식 씨도 이번에는 난감했다. 왜냐하면 그 김밥은 그냥 보기에도 여자가 직접 싸가지고 온 듯했기 때문이었다. 남자 친구를 위해 싸온 김밥을 다른 사람에게 줄 리가 만무했다.

"공주야! 내가 학교 앞에 최고로 맛있는 김밥 사다줄게. 저거 맛도 없어 보이는데?"

"아잉, 나 저거 안 먹으면 병날 것 같아. 무식 씨, 나 사랑 안 해? 아잉."

"아니야! 근데……."

"됐어. 안 먹어. 쳇!"

공주는 토라져서 입이 툭 튀어나왔다. 공주의 성격으로 미루어 보아 이번 김밥 사건은 적어도 일주일은 갈 것 같았다.

"공주야, 아…… 알았어. 기다려."

"역시 무식 씨가 최고야! 호호호."

무식은 결국 김밥을 먹고 있는 연인들에게 다가갔다.

"저기…… 죄송한데…… 그 김밥 하나만 주실 수 있어요?"

"네?"

커플은 황당한 눈빛으로 바라보았다.

"정말 죄송해요. 여자 친구가 너무너무 먹고 싶어 해서요. 딱 하나만 안 될까요? 안 되겠죠?"

"네."

여자는 단호하게 거절하였다. 하지만 옆에 앉아 있던 남자가 여자 친구의 옆구리를 툭 치며 말했다.

"하나만 주자!"

"알았어."

남자는 젓가락으로 김밥 하나를 집어 무식 씨에게 건넸다.

"감사합니다. 정말 감사해요! 두 분 참 잘 어울리시네요! 행복하세요. 하하……."

무안한 무식 씨는 김밥을 받아들고는 쏜살같이 달려왔다.

"공주야! 여기 김밥!"

공주는 만족스런 웃음을 짓고는 김밥을 입에 쏙 넣었다.

"별로네. 맛있어 보였는데……."

공주의 변덕은 정말 죽 끓듯 했다. 그런 공주의 비위를 맞추는 일은 여간 힘든 것이 아니었다.

"공주야! 이번 주말에 뭐해?"

"글쎄…… 스케줄 좀 보고…… 근데 왜?"

"우리 주말에 산에 놀러갈까?"

"산? 힘들게 거길 왜 올라가? 내 예쁜 다리 다치기라도 하면 어떡하라고. 산은 보라고 있는 거야! 호호호."

"그건 걱정 하지 마! 차 타고 올라가면 돼, 하하하. 나의 철저한 준비성."

"음…… 근데 너 차 없잖아?"

"차야 렌트하면 되지. 내가 면허는 있다고!"

"좋아! 그럼 한 번 가 주지 뭐. 호호호."

며칠 후, 주말이 되었다. 봄이라 그런지 날씨는 그야말로 화창해서 봄나들이를 가기에 딱 좋은 날이었다. 공주는 역시나 산에 간다는 것과는 무관하게 하얀 원피스와 분홍 레이스 모자를 쓰고 나왔다.

"무식 씨, 오늘 내 스타일 어때?"

"어? 너…… 너무 예쁘네."

"선녀 같지? 아니다. 천사 같나?"

"선녀 천사 같아. 하하하."

"어머! 무식 씨도 참. 호호."

무식이는 공주와 함께 산 입구에 도착했다.

"무식 씨, 햇볕이 너무 따가워서 내 예쁘고 뽀얀 얼굴이 까맣게 변하면 어떡해."

공주는 계속 옆에서 징징댔다.

"걱정하지 마! 내가 우리 공주를 괴롭히는 나쁜 햇볕들을 모두 막아 줄게."

지나가던 사람들은 두 사람의 대화를 듣자 속이 울렁거렸다. 아무튼 무식이는 용하게도 공주를 달래가며 렌터카 회사를 찾았다. 산 입구에 회사는 하나밖에 없었다. 무식이는 차를 빌리기 위해 회사에 들어갔다.

"저기! 차 한 대만 렌트해 주세요."

"손님, 죄송합니다만 오늘은 주말이고 봄이라 그런지 사람들이 너무 많아서 차가 다 렌트되었어요."

"네?"

공주는 사무실 의자에 우아한 자세로 앉아 있었다.

'아유. 차가 없다고 하면 또 난리를 칠 텐데. 당장 집에 가자고 할 거야.'

무식 씨는 안 봐도 훤한 공주의 반응이 무서웠다. 숨을 한번 크게 쉬고 단념을 한 채 이야기했다.

"공주야, 차가 없대. 가자."

"뭐? 그럼 설마 나보고 산을 걸어가라는 거야?"

"그게…… 그냥 집에 돌아갈까?"

"음……."

공주는 사무실을 두리번거렸다. 뭔가를 발견한 공주는 소리쳤다.

"무식 씨, 저기 봐! 차가 한 대 있는데?"

"그러네, 저기요!"

무식 씨는 다시 직원에게 다가갔다.

"저 차는 뭐예요? 저희 빌려 주시면 안 돼요?"

"저 차는 지금 수리를 맡겨야 해요. 저단 기어가 고장이 났거든요."

"저단 기어요?"

공주는 사뿐히 걸어오며 말했다.

"무식 씨, 그냥 타자! 그 저단 기어가 그렇게 중요해? 그게 뭔데? 대충 타자. 어?"

직원은 곤란한 표정을 지었다.

"손님, 뭐 큰 문제는 없겠지만……."

"그럼 그냥 빌려 줘요."

공주의 특기인 막무가내가 또 시작되었다. 무식 씨는 창피하기도 하고 고집이 센 공주가 더 이상 어떤 짓을 할지 걱정이 되었다. 결국 공주의 의견에 따를 수밖에 없었다.

"저기 그냥 렌트해 주십시오. 큰 문제 있겠습니까?"

"그래도……."

"주세요! 대여료는 두 배로 드릴게요."

결국 그렇게 해서 수리가 필요한 차를 비싼 가격에 빌리게 되었다. 공주는 신이 나서 차에 올라탔다.

"호호호, 너무 좋아! 얼른 산 위로 가자. 출발!"

어린아이처럼 좋아하는 공주를 보자 무식 씨도 기분이 좋아졌다. 그런데 운전 중에 갑자기 차가 이상하다는 것을 느꼈다.

"무식 씨, 왜 멈춰? 얼른 올라가자!"

"이상하네. 차가 비탈길을 안 올라가!"

결국 산비탈 바로 앞에서 사람 구경만하고 산 위로는 올라가보지도 못하였다. 공주는 온갖 짜증을 내기 시작했다.

"이게 뭐야! 산 구경은 못하고, 사람 구경만 했네. 쳇! 다시는 산에 올 생각하지도 마. 그리고 당분간 나한테 연락하지도 마. 나 기분이 많이 상했어. 무식 씨 얼굴 보고 싶지 않아. 쳇!"

공주는 화를 내며 차에서 내려 집으로 가 버렸다. 무식 씨는 렌터카 회사로 갔다.

"이봐요, 큰 문제가 없을 거라면서. 산에는 올라가 보지도 못했다고요. 자동차 대여료는 두 배로 받아 놓고!"

"손님, 아까 제가 분명 저단 기어가 작동하지 않는다고 말씀드렸잖아요."

무식 씨의 눈은 촉촉이 젖기 시작하더니 닭똥 같은 눈물을 뚝뚝 흘렸다.

"아무튼 당신들 때문에 나만의 천사 공주가 나를 떠나가 버렸다고. 책임져! 흑흑흑. 이대로 가만둘 수 없어. 당장 물리법정에 고소하겠어. 쳇!"

"네?"

무식 씨는 문을 박차고 나가 물리법정으로 향했다. 그리고 망가진 자동차를 비싼 가격에 대여해 준 렌터카 회사를 사기죄로 고소하였다.

일률은 힘과 속도의 곱이므로 자동차의 경우 저단 기어는 낮은 속도로 큰 힘이 필요한 언덕을 오를 때 사용하며 고단 기어는 작은 힘으로 큰 속도를 내는 평지에서 주로 사용됩니다.

비탈길을 오르는데 저단 기어가 왜 필요할까요?
물리법정에서 알아봅시다.

재판을 시작하겠습니다. 자동차 문제로 연인과 헤어졌다는 원고의 사연은 안타깝군요. 자동차가 산을 오르지 못한 이유가 무엇인지 알아보도록 하겠습니다. 원고 측 변론하세요.

원고는 렌터카 회사에서 자동차를 빌렸습니다. 렌터카 회사는 저단 기어가 고장이 나 있었지만 별 문제없을 것이라고 생각하고 차를 빌려 주었습니다. 결국 산에 오르려던 계획은 무산되었고 사랑하는 연인마저 떠나 버렸습니다. 원고는 지울 수 없는 상처를 받았고 렌터카 회사에서는 책임을 지고 원고에게 정신적 피해 보상을 할 것을 요구합니다.

가슴 아픈 사연이군요. 그런데 자동차의 저단 기어가 고장 난 사실을 몰랐던가요?

음, 알고 있긴 했지만 오토 기어 자동차였기 때문에 렌터카 회사에서도 별 문제없을 거라 생각하고 대여를 해 주었고 원고는 렌터카 회사의 말을 믿은 겁니다.

그렇다면 자동차에 문제가 생긴 이유가 무엇인지 알아봐야겠군요. 피고 측 변론을 들어보도록 하겠습니다.

 지금 원고는 거짓말을 하고 있습니다. 원고가 렌터카 회사에 차를 빌리러 왔을 때 렌터카 회사에서는 자동차가 모두 대여된 상태라고 했습니다. 원고는 렌터카 회사의 만류에도 불구하고 저단 기어가 고장 난 자동차를 별 문제없을 거라며 빌리자는 여자 친구의 말을 듣고 대여해 갔던 겁니다.

 그렇습니까? 저단 기어가 고장 난 자동차가 위험한 것은 아닙니까?

 그날은 날씨도 괜찮은 편이라 평탄한 길을 갈 때는 별문제 없었을 겁니다. 하지만 저단 기어를 사용할 수 없기 때문에 높은 언덕이나 비탈길은 올라가기 어렵습니다.

 저단 기어가 어떤 역할을 하기에 올라갈 수 없습니까?

 오르막길에서 저단 기어가 사용되는 원리를 설명하기 위해 자동차 과학 공학을 연구하시는 손아타 박사님을 증인으로 요청합니다.

50대 초반으로 보이는 남성이 자동차 운전용 고글을 쓰고 허리에는 드라이버 세트를 주렁주렁 단 채 증인석에 앉았다.

 자동차를 만드는 과정에는 과학적 원리가 많이 들어 있다고 하는데 사실입니까?

사실입니다. 과학을 모르고는 자동차를 만들 수 없을 겁니다. 특히 총 5단으로 구성된 기어는 자동차의 핵심이라고 볼 수 있지요.

기어는 어떤 역할을 하며 오르막을 오를 때 저단 기어가 사용되는 이유는 무엇인가요?

기어는 자동차가 달릴 때 속도를 낼 수 있게 만드는 역할을 하는데 기어에 따라서 속도가 달라집니다. 이와 관련되는 일률은 힘과 속도의 곱으로 나타내는데 자동차가 어느 정도 일정한 일률을 낸다면, 힘이 커질 때 속도는 줄어들고 힘이 작아질 때 속도는 빨라집니다. 이러한 원리로 저단 기어는 낮은 속도로 큰 힘이 필요할 때, 고단 기어는 작은 힘으로 높은 속도를 달릴 때 사용되지요. 평지를 달릴 때는 직진으로만 가면 되므로 고단 기어를 이용해 빠른 속도로 달리면 되지만 자동차가 출발할 때나 오르막을 오를 때는 훨씬 많은 힘이 필요하기 때문에 저단 기어를 사용합니다. 톱니가 강하게 물려 있을 때 강한 힘을 얻을 수 있는 것과 같은 원리라고 이해하시면 됩니다.

오르막길에서는 위로 올라가기 위해서 저단 기어가 필요한데 원고가 빌린 자동차는 저단 기어가 고장 났기 때문에 산에 올라가는 것이 불가능했군요. 원고는 오르막길을 가려고 계획을 했다면 저단 기어가 꼭 필요한 상황임을 알고 저단 기어가 고장 나 있는 자동차를 빌리지 말았어야 했습니다. 렌터카 회사

직원의 만류에도 불구하고 자동차를 빌린 것은 원고의 실수임을 인정하십시오.

 저단 기어가 고장 난 자동차는 높은 곳에 오르는 것이 불가능하다는 것을 미리 알았더라면 좋았겠군요. 원고는 자동차를 빌리기 전부터 저단 기어의 고장 사실을 알고 있었으므로 렌터카 회사의 잘못이라고 보기 힘들겠습니다. 원고는 헤어진 연인에게 이 상황에 대한 설명을 하고 다시 좋은 관계를 유지할 수 있길 바라며 재판을 마치도록 하겠습니다.

재판이 끝난 후, 여자 친구와 헤어지게 된 한무식은 모두 다 차가 없었던 자신의 탓이라고 생각하고 열심히 일을 해서 차를 샀다. 그 후 한무식 씨는 혼자 차를 타고 높은 산에 오르는 것을 취미 생활로 즐기게 되었다.

 **일률과 힘**

일률은 일을 시간으로 나눈 값입니다. 그리고 일은 힘과 거리의 곱으로 나타냅니다. 그러므로 일률은 힘과 거리의 곱을 시간으로 나눈 값인데, 거리를 시간으로 나눈 값이 속도이므로 일률은 힘과 속도의 곱이 됩니다.

과학성적 끌어올리기

일

정지해 있는 당구공을 큐로 밀면 움직인다. 이것은 당구공에 힘이 작용했기 때문이다. 이때 힘을 받은 당구공은 원래 위치에서 일정 거리를 움직인다. 물론 당구대와의 마찰력이 있어 당구공은 멈추지만, 이렇게 물체에 힘을 작용하면 물체가 이동한다.

일을 어떻게 정의해야 할까? 미키 군과 세련 양 두 사람이 두 대의 같은 자동차를 100N의 힘으로 밀고 있다. 즉 두 사람은 자동차에 각각 100N의 힘을 작용하고 있다. 미키 군과 세련 양이 각각의 자동차에 이 힘을 계속 작용한다고 하자. 그럼 두 자동차는 계속 움

직여 나아갈 것이다. 미키 군이 자동차를 10m 이동시킨 경우와 세련 양이 자동차를 1000m 이동시킨 경우 중 누가 더 일을 많이 한 걸까? 당연히 1000m를 이동시킨 세련 양이다. 그러므로 다음과 같은 사실을 알 수 있다.

- 같은 힘을 물체에 작용했을 때 일은 물체의 이동 거리에 비례한다.

세련 양이 소형차를 100N의 힘으로 밀어 1m 이동시킨 경우와 미키 군이 대형 트럭을 1000N의 힘으로 1m 이동시킨 경우 중 누가 더 일을 많이 했는가? 당연히 더 큰 힘을 작용시킨 미키 군이다. 그러므로 다음의 사실을 알 수 있다.

- 물체가 같은 거리를 움직였을 때 일은 물체에 작용한 힘에 비례한다.

일은 물체가 움직인 거리와 작용한 힘에 비례하니까 다음과 같이 말할 수 있다.

- 물체에 힘 F가 작용하여 물체를 힘이 작용한 방향으로 거리 d만큼 움직이게 했을 때 일의 양 W는 다음과 같다.

$$W = F \times d$$

물체에 1N의 힘을 주어 1m를 이동하였을 때 일의 양은 $1N \times 1m = 1N \cdot m$이다. 이때 $N \cdot m$을 J라고 쓰고 줄이라고 읽는다. 즉 $1J = 1N \cdot m$이다.

일의 정의를 보면 물체에 힘이 작용하지 않았거나 물체가 움직인

과학성적 끌어올리기

거리가 0이면 일의 양은 0이 됨을 알 수 있다. 여기서 조심해야 할 점은 힘 F는 물체에 작용한 여러 힘의 합력이라는 것이다. 그리고 힘은 벡터량이므로 방향을 고려하여 합력을 구해야 한다.

예를 들어 물체의 왼쪽에서 5N의 힘을, 오른쪽에서 5N의 힘을 작용했다고 하자. 이때 물체가 받는 합력 F는 0이 된다. 그러므로 두 힘이 물체에 한 일은 0이다. 또한 벽을 손으로 밀어보라. 이때 벽은 움직이지 않는다. 그러므로 벽의 이동 거리 d는 0이다. 그러므로 이때 손으로 벽을 미는 힘이 한 일은 0이다.

수평면 위에 정지해 있는 물체에 그림과 같이 힘 F를 작용하자.

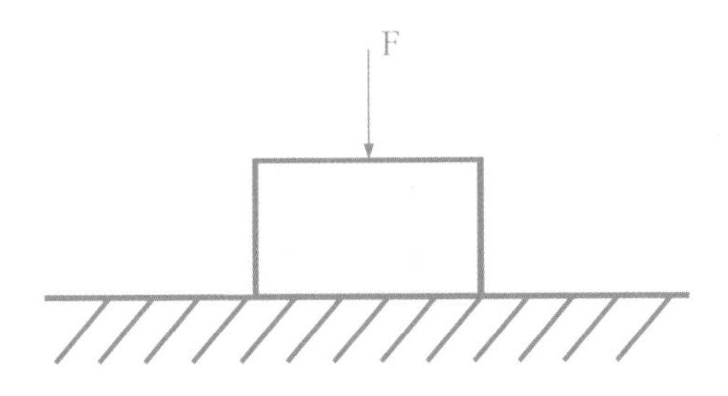

물체가 과연 수평 방향으로 움직일까? 물론 움직이지 않는다. 이때 물체를 누르는 힘만큼 바닥의 수직항력이 반대 방향으로 생겨, 힘의 합력이 0이 되므로 물체는 움직이지 않는다. 그러므로 물체에 작용하는 수직 방향의 힘으로는 물체를 수평 방향으로 움직이게 할 수 없다. 결과적으로 이 힘이 하는 일은 0이 된다. 여기서 우리는 다음과 같은 결론을 얻는다.

- 물체의 이동 방향과 물체에 가한 힘의 방향이 서로 수직이면 그 힘이 한 일은 0이다.

자, 그럼 수평면에 대해 어느 정도의 각도로 기울어진 힘 F를 물체에 작용해 물체가 수평 방향으로 거리 d만큼 이동했을 때, 힘이 한 일을 구해 보자. 이때 힘 F를 수평 방향 성분 F_1과 수직 방향 성분 F_2로 분해하면 다음 그림과 같다.

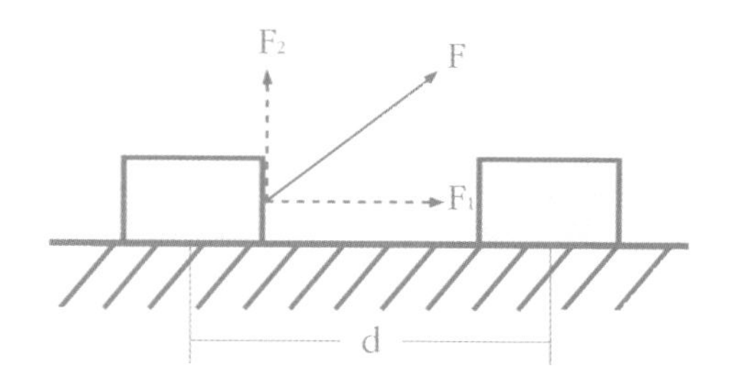

이때 수직 방향 성분 힘 F_2가 한 일은 0이므로 수평 방향 성분 F_1이 한 일만 고려하면 된다. 이때 일의 양은 수평 방향의 성분이 커

과학성적 끌어올리기

질수록 증가하는데 그러기 위해서는 물체에 작용한 힘과 이동 방향이 이루는 각이 작아야 한다.

특히, 물체에 힘이 작용해도 일의 양이 0인 경우가 있다. 그 경우는 물체에 작용하는 힘과 이동 방향이 수직인 경우이다.

그림과 같이 줄에 매달려 등속원운동을 하는 물체를 보자.

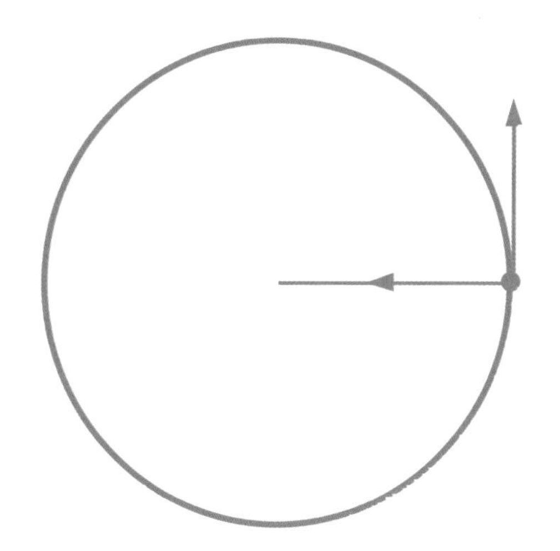

이때 구심력의 방향은 항상 원의 중심을 향하고 물체의 이동 방향은 원의 접선 방향으로 두 방향은 서로 수직이다. 그러므로 원운동에서 구심력이 한 일은 항상 0이다.

과학성적 끌어올리기

일률

같은 양의 일을 하는데도 짧은 시간이 걸리는 사람이 있고 시간이 오래 걸리는 사람이 있다. 물론 같은 양의 일을 할 때 시간이 적게 걸린 사람이 일을 하는 능률이 높은 사람이다. 이렇게 사람이나 기계가 한 일의 능률을 '일률' 이라고 부른다.

에릭 군은 돌멩이를 10N의 힘으로 밀어 10m를 이동시키는 데 5초 걸렸고, 하니 양은 다른 돌멩이를 20N으로 밀어 6m 이동시키는 데 10초 걸렸다고 하자. 이때 두 사람이 한 일의 양을 보자.

에릭 : $W = 10 \times 10 = 100(J)$

하니 : $W = 20 \times 6 = 120(J)$

하니 양이 한 일의 양이 더 크다. 하지만 하니 양은 에릭 군의 두 배의 시간 동안 일을 했으므로 두 사람의 일의 능력을 양만으로 판별할 수는 없다. 그래서 같은 시간 동안 두 사람이 한 일의 양을 비교하게 되는데 그것이 일률이다. 일률 P는 다음과 같이 정의된다.

● 시간 t 동안 한 일의 양이 W일 때 일률은 $P = \frac{W}{t}$이다.

과학성적 끌어올리기

일률의 단위는 일의 단위(J)를 시간의 단위(s)로 나눈 J/s인데 이것을 W라고 쓰고 와트라고 읽는다. 그러므로 1J/s = 1W이다.

이제 두 사람의 일률을 구해 보자.

$$\text{에릭} : P = \frac{100}{5} = 20(W)$$

$$\text{하니} : P = \frac{120}{10} = 12(W)$$

따라서 에릭 군이 하니 양보다 일률이 높다. 즉 일률이 높다는 것은 일을 하는 능력이 좋다는 것을 말한다.

예를 들어 일률이 10W인 10명이 일하는 것과 일률이 200W인 기계 한 대가 일하는 것을 비교해 보자. 이때 사람들과 기계가 1초 동안 한 일의 양을 비교하면 사람들이 한 일은 100J이고 기계가 한 일은 200J이 되어 같은 시간 동안 기계가 더 많은 일을 하게 된다. 이것이 바로 기계를 사용하는 이유이다.

일률에 대한 다른 공식을 만들어 보자. $P = \frac{w}{t}$에서 $w = Fs$이므로 $P = \frac{Fs}{t} = F \times \frac{s}{t}$이고 $\frac{s}{t} = v$이므로 다음과 같은 공식이 나온다.

● 힘 F에 의해 속도 v로 움직일 때 일률은 $P = Fv$이다.

과학성적 끌어올리기

예를 들어 어떤 자동차의 일률이 1000W로 일정하다고 하자. 이 차가 50m/s로 달릴 때 자동차의 힘은 20N이 된다. 하지만 이 차가 10m/s로 달릴 때 자동차의 힘은 100N이 된다. 그러므로 일정한 일률을 가진 차의 경우 언덕을 올라갈 때처럼 큰 힘이 필요할 때는 속도가 적게 나가도록 해야 한다. 이것이 저단 기어를 사용하는 이유이다.

제2장

운동량에 관한 사건

운동량 – 가벼운 사람은 멈추게 하기 쉽다니까요

운동량 보존 ① – 회전 원판 돌리기

운동량 보존 ② – 가만있던 차가 움직이다니!

가벼운 사람은 멈추게 하기 쉽다니까요

강호둥 씨는 왜 뚱순 양을
먼저 구하지 않았을까요?

허뚱순 씨는 끝없이 밀려오는 식욕에 입에서 음식을 떼어 낼 수가 없었다.

'우걱우걱'

"아유, 뚱순아! 벌써 6개째야."

"자꾸 당기는 걸 어떡해! 딱 7개만 먹을게!"

뚱순 씨의 남자 친구 왕멸치 씨는 여자 친구의 늘어나는 뱃살을 볼 때마다 걱정스러웠다. 다른 연인들처럼 영화도 보고 공원에도 놀러가고 싶었지만 뚱순 씨는 매일 패스트푸드점, 갈빗집, 피자집 등 먹는 곳만 가자고 했다. 사실상 먹기 위해 만나는 건지, 데이트를 위해 만나는 건지도 헷갈렸다. 음식점에 가면 항상 10인분은 거뜬히 먹어 치웠다. 두 사람이 들어가서 음식을 시키면 종업원들의 반응은 한결같았다.

"일행이 많으신가 봐요?"

솔직히 두 사람이 먹을 수 있는 분량은 아니었다. 종업원들이 그렇게 말하는 것도 당연한 일이었다. 왕멸치 씨는 정신없이 햄버거를 먹고 있는 뚱순 씨를 보며 더 이상은 안 되겠다고 생각했다.

"뚱순아! 우리 이따 자전거 타러 갈까?"

"자전거? 나 못 타. 그리고 뭐 하러 힘들게 그런 걸 해?"

'그러니까 살이 찌지, 이 돼지야!'

멸치 씨는 속으로 크게 외쳤다. 하지만 목까지 올라오는 이 말을 차마 뱉지 못했다.

"자전거 타는 것 내가 가르쳐 줄게! 정말 재밌는데."

"싫어, 너나 타! 나는 배도 부르고 낮잠이나 자야겠어. 음…… 하!"

뚱순 씨는 하품을 늘어지게 했다. 멸치 씨는 이제 참을 수 없었다.

"야! 허뚱순!"

"왜?"

"너 도대체 만날 먹기나 하고, 움직이지는 않고! 그러다가……."

"그러다가? 뭐?"

"건강에 안 좋아!"

"괜찮아! 나 숨쉬기 운동은 진짜 잘해."

멸치 씨는 어이가 없어서 말이 안 나왔다. 뚱순 씨에게 뭔가 자극을 주어야 할 것 같았다. 그래야 스스로 운동을 할 생각을 가질 것이다.

"뚱순아, 나 너한테 할 말 있어."

"뭐? 잠깐만! 나 감자튀김이랑 아이스크림콘 먹으면 안 될까?"

"너 지금 햄버거만 7개 먹었어! 콜라도 넉 잔이나 먹고!"

"알았어! 안 먹으면 될 거 아냐! 되게 뭐라고 하네!"

"휴, 뚱순아! 우리 헤어지자. 나 더 이상 너 만나고 싶지 않아!"

"뭐라고?"

"매일 먹기만 하고…… 너 스스로도 생각해 봐! 우리가 언제 한 번 데이트다운 데이트를 했었는지. 처음에는 잘 먹는 네가 귀엽고 좋았는데, 갈수록 심해지는 너를 더 이상 감당할 수가 없어."

"멸치야! 너 지금 내가 자전거 안 타러 간다고 그러는 거야?"

"그것도 그렇고…… 꼭 그것 때문만은 아니야. 그동안 나도 많이 참았어. 더 이상은 안 되겠어. 우리의 좋은 추억까지 망치고 싶지 않아! 미안해."

"너 정말……."

뚱순 씨는 갑자기 눈물을 흘리기 시작했다. 사실 뚱순 씨도 스스로 식욕을 참으려 노력해도 그게 마음같이 안 되어 괴로워하던 참이었다. 스트레스를 받으면 풀 데가 없어서 늘 무언가를 먹던 게 버릇이 되었던 것이었다. 그런데 사랑하는 남자 친구가 그것 때문에 이별을 선고하다니 눈앞이 노래졌다.

"난…… 너 없으면 안 돼. 멸치야! 떠나지 마! 내가 이제부터 열심히 살 빼게…… 흑흑흑."

멸치 씨는 막상 우는 뚱순 씨를 보니 마음이 너무 아파왔다.

"뚱순아."

"당장 우리 자전거 타러 갈까? 아니면, 저기 저 사람들처럼 인라인 스케이트를 타러 갈까?"

"뚱순아."

"가자! 응? 멸치야."

"그래, 그러자. 미안해! 내가 잠깐 정신이 나갔었나 봐. 너처럼 착한 여자 친구한테 헤어지자는 말이나 하고…… 우리 오늘 일은 없었던 걸로 하고 공원에 가서 신나게 인라인 타자!"

두 사람은 극적으로 화해를 하고 호수 공원으로 갔다. 평일이라 그런지 사람이 많지는 않았다. 인라인 스케이트를 대여하고 서로의 신발 끈을 묶어 주었다.

"너 인라인 탈 줄 알아?"

"아니."

"어? 나도 잘 못 타는데…… 10년 전에 한 번 타 봤어."

"뭐? 그럼 우리 둘 다 오늘 수십 번은 넘어지겠다."

"하하하."

둘 다 기다시피 인라인을 타기 시작했다. 자세는 어정쩡하고 손과 다리는 부들부들 떨렸다.

'콰당!'

멸치 씨는 벌써 몇 번째 넘어졌다.

"호호호, 어떻게 걷지도 못해? 호호호."

"뚱순이 너!"

'콰당, 쿵!'

웃고 있던 뚱순 씨도 바닥에 엉덩방아를 찧었다.

"아얏!"

"하하하, 그것 봐! 나 놀리더니 잘됐다! 하하하."

"지금 웃음이 나와? 아파 죽겠어."

"괜찮아? 조심 좀 하지. 으이그!"

"자기도 넘어져 놓고는…… 풋!"

두 사람은 사귄 지 2년 만에 처음으로 제대로 된 데이트를 즐기느라 시간 가는 줄을 몰랐다. 걸음마를 떼고 이제는 제법 타기 시작했다.

"우리 잡기 놀이 할까? 나 잡아 봐라."

뚱순 씨는 큰 몸집에 어울리지 않는 '나 잡아 봐라'를 하기 시작했다. 멸치 씨도 만만치 않았다.

"뚱순, 잡히면 가만두지 않겠어. 뚱순, 거기 서!"

마치 80년대 영화의 한 장면 같았다. 잡힐 듯 잡히지 않는 느끼하고도 진부한 장면이 계속되었다. 그러던 중 두 사람은 비탈길에서 그만 중심을 잃고 빠른 속도로 언덕 아래로 곤두박질치기 시작했다. 때마침 비탈길 아래에 있던 강호둥 씨는 빠르게 내려오는 두 연인을 보았다.

"도와주세요! 브레이크가 말을 안 들어요!"

"으악! 살려 주세요!"

긴박한 상황에 강호둥 씨는 당황하였다.

'어떡하지? 두 사람을 다 잡아 줄 수는 없어. 뚱뚱한 여자를 잡으면 오히려 내가 밀릴지도 몰라.'

고민을 하던 강호둥 씨는 날씬한 멸치 씨를 잡았다. 다행히도 멸치 씨는 멈추어 다치지 않았다.

"쾅!"

하지만 뚱순 씨는 벽에 부딪혀 바닥에 털썩 쓰러졌다.

"뚱순아!"

멸치 씨와 호둥 씨는 뚱순 씨에게 달려갔다. 겨우 눈을 뜬 뚱순 씨는 정신을 차리고 호둥 씨를 보면서 말했다.

"이봐요! 왜 나를 구하지 않은 거죠? 난 당신이 잡아 줄 거라고 생각했었는데."

"죄송해요, 두 분 다 잡아 드릴 수가 없어서."

"됐어요! 난 당신을 물리법정에 고소하겠어요!"

"뚱순아."

멸치 씨는 중간에서 무안함에 어찌할 바를 몰랐다. 하지만 뚱순 씨는 화가 잔뜩 나서 막무가내였다.

"쳇! 아야……."

다음 날 뚱순 씨는 강호둥 씨를 물리법정에 고소했다.

운동량은 물체의 질량과 속도의 곱으로
물체의 운동 상태를 나타냅니다.

운동량이 클수록 관성도 큰가요?

물리법정에서 알아봅시다.

 재판을 시작하겠습니다. 원고 측 변론하세요.

 아무리 뚱순 양이 좀 뚱뚱하기로서니 날씬한 남자만 구해 주다니. 이건 여성을 너무 질량으로 차별하는 거 아닙니까? 아무튼 강호둥 씨는 뚱순 양에게 사과를 해야 할 것입니다. 이상입니다.

 정말 내용 없군.

 내용이 있지요. 사과하라는 내용.

 어이구. 피고 측 변론하세요.

피고가 원고를 구할 수 없었던 이유를 과학적으로 설명해 주실 증인을 모셨습니다. 증인은 한국물리학회의 한과학 회장님입니다.

 증인은 증인석으로 나와 주십시오.

깔끔한 정장 차림에 무테안경을 쓴 지적인 이미지의 50대 중반의 남성이 반듯한 자세로 증인석에 앉았다.

피고가 원고인 뚱순 양을 잡아 줄 수 없는 이유가 과학적으로 설명이 가능합니까?

물론입니다. 이것은 원고인 뚱순 양의 운동량이 멸치 군에 비해 크기 때문입니다.

그게 무슨 말이죠?

물체의 질량과 속도를 곱한 값을 운동량이라 하는데 이것은 물체의 운동 상태를 나타냅니다.

운동량이 크면 왜 멈추게 하기 힘든 거죠?

질량을 가진 물체를 멈추게 하려면 그 물체의 운동량과 크기는 같고 방향은 반대인 운동량이 필요합니다. 만일 달려오는 물체의 질량이 이를 멈추게 하려는 물체 질량의 두 배라면, 달려오는 물체를 멈추게 하기 위해서는 물체 속도의 두 배의 힘으로 반대 방향으로 달려가 물체와 하나가 되어야 하니까 그만큼 힘들다는 얘기죠.

그럼 물리학적으로 볼 때 누구든 이 상황에서는 멸치 군을 선택하겠군요.

그렇습니다.

이상입니다. 판사님.

이번 사건을 계기로 원고인 뚱순 양은 질량을 조금 줄여 이번과 같은 상황에서 운동량이 작아지게 몸매를 만드는 것이 좋겠다는 생각이 드는군요. 재판을 마치겠습니다.

재판이 끝난 후, 강호둥은 허뚱순에게 잡아 주지 않은 것을 사과했다. 그러나 이번 사건으로 인해 자신의 몸무게에 충격을 받은 허뚱순은 열심히 다이어트를 했다. 1년이 지난 후 허뚱순은 완벽한 S 라인을 가진 예쁜 여자가 되었고, 허뚱순이 다이어트를 하는 것을 지켜봐 주고 격려해 주었던 왕멸치와 결국 결혼을 하게 되었다. 결혼식의 사회는 강호둥이 맡게 되었다.

운동량

운동량은 물체의 질량과 속도의 곱이다. 여기서 속도는 속력과 달리 방향을 가진 벡터량이므로 운동량 역시 방향을 가진 벡터량이다. 그러므로 질량이 0인 물체 또는 정지해 있는 물체는 운동량이 0이다.

회전원판 돌리기

손을 쓰지 않고 회전 원판을
돌릴 수 있을까요?

"홍만이는 돼지래요! 돼지야!"

운동장에서 아이들이 홍만이를 둘러싸고 놀려댔다. 과학 초등학교 5학년에 재학 중인 홍만이는 다른 또래 아이들에 비하여 덩치가 컸다. 어렸을 때부터 먹을 것을 유난히 좋아해서 항상 입에는 과자나 핫도그 등이 물려 있었다. 홍만이는 아이들이 놀리는 가운데에서도 아랑곳 않고 초콜릿을 맛있게 먹었다.

"너네, 나한테 맞는다!"

"으악!"

홍만이가 주먹을 불끈 쥐었더니 아이들은 우르르 학교를 빠져나갔다. 집에 가던 나공주가 홍만이에게 다가왔다.

"홍만아! 애들이 또 너 괴롭히는 거야?"

"아, 아니."

"친구를 놀리다니 정말 못된 애들이네. 근데 홍만이 너…… 살을 좀 빼기는 빼야겠다. 비만은 건강에도 좋지 않아!"

홍만이의 얼굴은 금세 빨갛게 달아올랐다. 공주는 학교에서 가장 예쁜 아이였고 뿐만 아니라 말도 잘하고, 공부도 잘해서 아이들과 선생님 모두에게 인기가 많았다. 분홍 원피스에 분홍 머리띠, 분홍 책가방과 분홍 구두를 신은 공주는 그야말로 핑크 공주였다. 옆집에 사는 홍만이는 그런 공주를 어렸을 때부터 좋아했다. 하지만 공주의 엄마가 워낙 유난을 떠는 바람에 홍만이의 엄마와 사이가 좋지 않아서 공주와 자주 놀지 못했다.

"우리 집에 같이 가자!"

"어? 응……."

예쁜 공주와 함께 집에 가는 길은 꿈길같이 행복했다.

"우아! 오늘 날씨 정말 좋다. 홍만아! 우리 이따 밥 먹고 놀이터에서 놀까?"

"응! 저…… 정말?"

"그럼 7시에 놀이터에서 만나자!"

"응!"

홍만이는 공주의 말이라면 무조건 '응!' 아니면 '좋아.'였다. 저녁에 공주와 놀이터에서 놀 생각을 하니 너무 신이 났다. 좋아하던 돈가스 반찬을 먹지 않고 밥만 먹어도 너무 맛있었다.

"홍만아! 너 돈가스 안 먹어? 네가 제일 좋아하는 거잖아! 엄마가 일부러 너 주려고 만든 거야!"

"으…… 응? 나 이제 돈가스 안 먹어!"

홍만이는 공주가 한 말이 떠올랐다.

'살을 좀 빼야겠다!'

"홍만아!"

홍만은 공주 생각에 이미 넋이 나가 있었고, 마음은 벌써 놀이터에 가 있었다.

"홍만아! 홍만아! 이 녀석 무슨 생각을 하기에 헤벌쭉 웃기만 해? 돈가스라면 자다가도 벌떡 일어나는 애가…… 참 나 별일이네."

"엄마! 나 이제 다이어트 할 거야!"

"뭐?"

"과자도 안 먹고, 초콜릿도 안 먹고. 돈가스도 안 먹을 거야!"

엄마는 눈이 휘둥그레져서 홍만이를 바라보았다.

"엄마! 나 놀이터 가서 운동 좀 하고 올게!"

"우…… 운동?"

갑자기 변한 홍만이를 보자 엄마는 걱정이 되었다. 홍만은 저녁도 먹는 둥 마는 둥 하고 약속 시간보다 한 시간이나 먼저 놀이터에

도착했다. 공주가 가장 좋아하는 놀이기구인 '회전 원판'에는 이미 아이들로 가득 차 있었다.

'공주가 타야 하는데…….'

"야! 너네 다 집에 가!"

홍만이는 공주가 타게 하기 위하여 아이들을 쫓아냈다. 어린아이들은 뚱뚱하고 덩치가 큰 홍만이가 소리치자 놀라 도망갔다.

'이따 공주가 오면 내가 밀어 줘야지! 하하하! 공주와 나와 단둘이 놀이터에서 놀면 너무 재밌겠다.'

홍만이는 생각만 해도 너무 신이 났다. 그렇게 한 시간이 훌쩍 지나갔다. 공주는 분홍색 체육복을 입고 분홍 리본으로 포니테일을 하고 달려왔다.

'공주는 정말 예쁘다. 천사 같아.'

홍만이는 뛰어오는 공주의 모습을 보며 혼자 싱글벙글 웃었다.

"홍만아! 너 언제 왔어?"

"나? 방금."

"놀이터에 아무도 없네?"

"그러게. 아무도 없더라고! 공주야! 회전 원판 탈래?"

"응? 오늘은 그네 먼저 타고."

공주는 그네에 가만히 앉아 홍만이를 물끄러미 쳐다보았다. 홍만이는 잽싸게 달려가 공주의 그네를 밀어 주었다. 그제야 공주는 환하게 웃었다.

"너무 재밌다, 호호호."

마치 춘향이와 몽룡이, 아니 방자를 보는 것만 같았다. 한참 동안 그네를 타던 공주는 재미가 없어졌는지 발을 내려서 그네를 멈추었다.

"왜? 공주야. 재미가 없어? 다른 거 탈래?"

공주는 정말 이름 그대로 '공주' 같았다. 대답도 하지 않고 눈을 깜박거리며 고개만 끄덕였다. 홍만이는 그런 공주의 머슴이 된 것 같았다.

"공주야! 그럼 우리 회전 원판 탈래? 저거 네가 제일 좋아하는 거잖아!"

"좋아! 네가 회전 원판을 돌려 줄 거지?"

"물론이지."

공주는 사뿐히 그네에서 내려 원판으로 갔다. 회전 원판에 올라간 공주는 고고한 학처럼 섰다.

"자! 그럼 민다."

뚱뚱한 홍만이가 회전 원판을 밀려는 순간 공주가 소리쳤다.

"홍만아, 손을 사용하지 말고 회전 원판이 돌아가게 해 줘."

"그건 말도 안 돼."

홍만이가 머리를 긁적이며 말했다.

"그렇게 할 수 없다면 앞으로 내 근처에는 얼씬도 하지 마! 알았어?"

공주는 이렇게 말하고는 재미가 없는 듯 회전 원판에서 내려왔다. 그 후로 공주는 홍만이를 자신의 근처에 얼씬도 못하게 하였다. 공주를 못 만나게 된 홍만이는 방에 틀어박혀 코빼기도 비추지 않았다.

며칠 후 홍만이의 엄마는 홍만이의 단식 투쟁이 공주 때문이라는 것을 알게 되었다.

"이런 말도 안 되는 제안을 하다니. 공주는 정말 못된 아이구나."

홍만이의 엄마는 공주가 조금 예쁘다는 이유만으로 홍만이에게 있을 수 없는 요구를 한 것에 화가 나서 공주의 제안이 물리적으로 불가능한 것임을 보이기 위해 이 사건을 물리법정에 의뢰했다.

운동량은 물체의 질량과 속도의 곱으로
외부의 힘이 작용하지 않으면 보존됩니다.

손을 사용하지 않고 회전 원판을 돌릴 수 있을까요?

물리법정에서 알아봅시다.

재판을 시작합니다. 먼저 홍만이 측 변론하세요.

 사람이 좀 뚱뚱하다고 무시하고 그러면 안 됩니다.

 그게 무슨 말이죠?

 공주가 홍만이에게 손을 쓰지 말고 원판을 돌리라고 했잖아요? 홍만이가 힘이 센 건 사실이지만 어떻게 손을 쓰지 않고 원판을 돌린단 말입니까? 그건 말도 안 되는 일이지요.

 홍만 측 변론 끝난 겁니까?

 네.

 그럼 공주 측 변론하세요.

 운동량 보존을 이용하면 손을 쓰지 않고도 원판을 돌릴 수 있습니다.

 그게 가능합니까?

 그렇습니다. 운동량은 물체의 질량과 속도의 곱입니다. 만일 홍만이가 전속력으로 달려와서 공주가 탄 원판에 올라타면 홍만이가 가진 운동량이 모두 원판을 회전시키는 운동량으로 바

꿔면서 원판이 돌게 됩니다. 그러니까 홍만이는 손을 쓰지 않고도 원판을 돌릴 수 있는 거지요. 공주가 발을 쓰지 말라는 얘기는 하지 않았잖아요? 이때 홍만 군의 질량이 크므로 홍만 군이 빠르게 달려갔다면 홍만 군의 운동량이 커서 원판을 회전하게 하는 운동량 역시 커지게 됩니다. 그러면 원판은 빨리 돌 수 있겠지요. 이것이 발로 원판을 돌리는 방법입니다.

정말 방법이 있었군요. 전혀 방법이 없는 줄 알았어요. 아무튼 홍만 군은 피즈 변호사가 말한 이 방법을 사용하여 공주의 마음을 사로잡아 둘 사이의 순수한 사랑이 싹트길 바랍니다.

재판이 끝난 후 홍만은 공주를 찾았다. 그리고 공주를 원판에 세워 놓고 전속력으로 원판을 향해 돌진한 후 원판에 올라탔다. 두 사람이 탄 원판은 그 순간부터 빙글빙글 돌기 시작했고 공주는 부드러운 미소로 홍만이를 바라보았다.

질량과 속력

어떤 물체에 포함되어 있는 물질의 양과 무게는 장소에 따라 변하지만, 질량은 장소에 관계없이 같으며, 질량의 단위는 주로 kg 또는 g을 사용한다.
속력은 단위 시간에 물체가 이동한 거리로 물체가 이동한 거리를 걸린 시간으로 나누어 구한다.

가만있던 차가 움직이다니!

트럭 위에서 뛰면
정말 차가 움직일 수 있을까요?

트럭 운전사 나깜박 씨는 오랜 시간 동안 운전을 하느라 매우 피곤했다. 건축 자재를 운반하는 일을 몇 년 동안 해 왔지만 오늘처럼 몸이 나른하기는 처음이었다. 다섯 시간을 쉬지 않고 운전을 했더니 어깨가 쑤시고 팔도 뻐근해 왔다. 게다가 잠까지 살살 와 졸음운전을 하게 되었다.

'빵…… 빵…….'

경음기 소리에 깜박 씨는 정신이 번쩍 들었다. 하마터면 앞의 차와 부딪힐 뻔했다. 빨간 스포츠카에서 젊은 남자가 내렸다. 머리에는 잔뜩 힘을 주었고, 말끔한 정장을 입은 모습이 마치 재벌 2세 같아 보였다. 더구나 성격까지 매우 까다로워 보였다.

"이봐요! 정신이 있는 겁니까? 이런 큰 트럭을 몰고 졸음운전이라니! 큰 사고라도 나면 어쩌려고 졸음운전을 해요?"

"죄송합니다. 정말 죄송합니다."

깜박 씨는 사과밖에는 할 말이 없었다. 깜박 씨의 트럭 같이 큰 트럭이 잘못해서 사고를 냈다가는 상대 차가 휴지 조각처럼 구겨질 것이 분명했다. 빨간 스포츠카의 남자는 분이 가시지가 않았는지 아니면 아직도 심장이 쿵쿵거려서 놀란 가슴을 진정시키느라 그런지 한참을 서 있었다.

"다행히 다친 사람은 없으니 그냥 넘어가지만 조심하세요! 그렇게 졸리면 어디라도 들어가서 쉬세요!"

깜박 씨는 청년의 앙칼진 목소리에 잠시 잠이 깼지만 곧 다시 졸음이 밀려왔다.

'음……하. 봄이라 그런지 틈만 나면 졸리네. 안 되겠다. 근처에 잠깐 주차해 놓고 잠 좀 자야겠다.'

연신 하품을 해대며 주위를 둘러보자 인근에 아파트가 보였다. 평일 낮이라 그런지 주차장은 텅 비어 있었다. 하지만 아파트의 주차장에는 경비 아저씨가 돌아다녀 함부로 주차를 할 수가 없었다. 다행히도 아파트 옆에 공예품 가게가 있었다. 가게 앞에는 유리와 도자기 제품들이 쌓여 있었다.

'여기다가 차를 세웠다가는 가게 입구를 가린다며 주인이 난리

를 치겠지?'

그러나 가게 안을 들여다보니 아무도 없었다. 주인이 잠시 자리를 비운 듯했다.

'일단 주차를 하고, 뭐라고 하면 그때 차를 빼주든지 해야겠다. 도저히 못 참겠어.'

깜박 씨는 점점 더 졸음이 밀려와 공예품 가게 앞에 차를 세워 놓고 곧 잠에 푹 빠져들었다.

찡구는 집에서 장난감을 가지고 놀고 있었다. 거실 바닥에는 늘어놓은 장난감들로 발 디딜 틈조차 없었다. 이미 거실 바닥에는 크레파스로 사방에 낙서를 해 놓았다. 현관에서 문소리가 나자 찡구는 안방으로 도망갔다. 시장에 다녀온 엄마는 그 광경을 목격하고 찡구를 혼내기 위해 찡구를 불렀다.

"찡구야! 이 녀석 당장 이리 나오지 못해? 엄마가 시장 간 사이에 그새를 못 참고 이렇게 집을 난장판을 만들어 놔?"

엄마는 씩씩거리며 찡구 방으로 향했다. 안방에 있던 찡구는 재빠르게 현관으로 달려가 집을 빠져나왔다.

"이 말썽꾸러기! 또 무슨 일을 벌이려고 나간 거야? 아유. 잠시도 눈을 못 떼겠네."

찡구는 집에서 나와 놀이터로 향했다. 놀이터에는 아이들이 많이 나와 있었다.

"찡구야! 우리 시소 타자!"

양 갈래로 머리를 땋은 유리는 해맑게 웃으며 찡구에게 달려왔다. 하지만 찡구는 뒤를 돌아 팔짱을 꼈다.

"이봐. 유리! 난 어린애들이나 타는 시시한 시소 따위는 안 탈 거야! 너나 실컷 타라!"

"쳇! 찡구 너…… 너랑 안 놀아!"

삐친 유리는 다시 자리로 돌아가 다른 아이들과 어울렸다. 찡구는 붐비는 놀이터가 재미없어 주위를 두리번거렸다.

"어라? 저 트럭 무지하게 길다!"

공예품 가게 앞에 세워진 긴 트럭을 보자 찡구는 호기심이 생겼다. 덩치 큰 찡구는 트럭으로 달려갔다. 트럭 주인은 쿨쿨 잠을 자느라 정신이 없었다. 찡구는 아무것도 없는 트럭 뒤 화물칸에 힘겹게 올라갔다.

'이야! 무지 높다!'

찡구는 화물칸을 왔다 갔다 돌아다녔다. 그러다가 트럭 맨 뒤에서 빠른 속도로 앞으로 달려갔다. 순간 차가 움직이기 시작했다.

"엄마!"

놀란 찡구는 트럭 바닥에 털썩 주저앉았다. 트럭은 뒤로 움직이기 시작했다. 그러자 쌓여 있던 공예품들이 트럭에 부딪혀 와장창 깨졌다. 이에 놀란 트럭 주인은 차 문을 열고 나왔다.

"이게 무슨 일이야?"

눈앞에 펼쳐진 광경은 정말 가관이었다. 트럭 뒤에 쌓여 있던 공예품들이 형체를 알아볼 수 없을 만큼 깨져 있었다. 멀리서 점심식사를 하고 돌아오던 공예품 가게 주인은 자신의 가게 앞에서 벌어진 일을 보고 눈이 휘둥그레졌다.

"어머! 누구야! 이게 어떻게 된 거예요?"

주인은 성격이 까칠하게 생긴 40대 남자였다. 깜박 씨는 잠이 확 달아났다.

"이봐요! 그 큰 트럭을 공예품 앞에 세워 놓다니! 당장 물어내세요."

화를 버럭버럭 내는 주인에게 트럭 주인도 황당하다는 듯 말했다.

"저기요, 저는 그냥 세워 놓고 잠깐 잠을 잤는데…… 공예품들이 깨졌어요."

"뭐라고요? 그럼 공예품들이 발이라도 달렸습니까? 자기네들이 혼자 깨졌을까요? 지금 말이 되는 소리를 하셔야죠! 사과를 해도 시원찮을 판에 말도 안 되는 변명이나 하고…… 당장 변상하세요!"

깜박 씨는 머리를 긁적였다. 그런데 순간 트럭 위에 파란 티셔츠가 볼록 나와 있는 것이 보였다.

"거기, 누구야?"

찡구는 고개를 푹 숙이며 일어섰다.

"너 왜 트럭 위에 있니?"

"죄…… 죄송해요."

잔뜩 겁을 먹은 찡구는 다짜고짜 울음을 터뜨렸다. 트럭 주인 깜박 씨는 그런 아이를 보고 말했다.

"이 녀석! 네가 그랬구나. 어떻게 했기에 트럭을 움직인 거야? 힘이 엄청 센가?"

"그…… 그게 아니라…… 흑흑…… 전 단지 트럭 위에서 뛰었을 뿐이에요."

"뭐?"

그때였다. 찡구를 찾아 나선 엄마는 아들이 트럭 위에서 울고 있는 것을 멀리서 보고 다가왔다.

"어머, 찡구 너 왜 울어? 또 무슨 사고라도 친 거니?"

가게 주인은 찡구 엄마를 아는 듯했다.

"찡구 엄마! 아니야. 찡구는 잘못 없어. 이 트럭 주인이 우리 가게 앞에다가 글쎄 이 긴 트럭을 주차해 놓은 거야! 불법 주차! 그래서 내 공예품을 다 깨뜨렸다고."

나깜박 씨는 고개를 저으며 말했다.

"아닙니다. 저는 단지 차를 잠시 주차해 놓은 거예요. 가게 주인이 오면 차를 빼주려고 했다고요. 근데 이 꼬마 녀석이 트럭에서 장난을 치는 바람에 트럭이 움직인 거예요. 그러니까 저야말로 잘못이 없는 거죠!"

찡구 엄마는 찡구를 트럭에서 내렸다.

"이 녀석! 엄마가 장난치지 말라고 했잖아! 왜 또 말썽을 부리고 그래."

"으아악."

찡구 엄마는 찡구의 엉덩이를 때리기 시작했다. 가게 주인은 이를 말리며 말했다.

"그만해요. 찡구 엄마! 찡구야. 어린애니까 긴 트럭이 신기해서 올라탄 거밖에 없지! 잘못은 애초에 차를 여기다가 세운 트럭 주인이지!"

나깜박 씨는 찡구를 따스한 눈길로 바라보며 말했다.

"애야! 트럭 위에서 뛰어다녔니?"

"그냥 저기 뒤에서 앞으로 뛰었을 뿐이에요. 엉엉……."

"이것 봐요! 아이가 뛰어서 트럭이 움직였잖아요!"

흥분하며 말하는 깜박 씨를 날카로운 눈빛으로 제압하며 가게 주인은 말했다.

"아이가 뛰어봤자 얼마나 뛰었겠어요. 그러게 차를 왜 여기다가 세웁니까? 더 이상 말하지 말고 어서 손해 보상이나 해요! 쳇!"

깜박 씨는 양손의 두 주먹으로 가슴을 두드리며 말했다.

"정말 답답하네. 제 잘못이 아니라고요. 저 꼬마 잘못이라니까요."

"이 사람 정말 안 되겠구먼! 당신! 내가 고소할거야!"

"뭐라고요? 저야말로 고소하겠습니다."

트럭과 아이 모두 정지해 있었으므로 처음 전체 운동량은 0이 되고, 운동량은 보존되므로 아이의 운동량을 양의 값으로 봤을 때 트럭의 운동량은 음의 값이 되어 이동이 일어나게 됩니다.

차 위에서 뛰면 차가 움직일 수 있나요?

물리법정에서 알아봅시다.

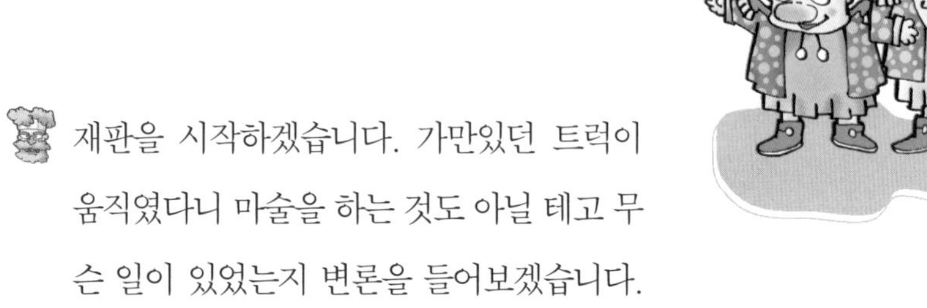

재판을 시작하겠습니다. 가만있던 트럭이 움직였다니 마술을 하는 것도 아닐 테고 무슨 일이 있었는지 변론을 들어보겠습니다. 이 사건은 누구의 잘못이라고 판단됩니까? 물치 변호사부터 변론하십시오.

당연히 운전자의 잘못입니다. 어린이가 트럭 위에 있었다고 해서 무슨 일을 할 수 있겠습니까? 자동차가 움직일 수 있는 경우로는 자동차를 제대로 세우지 않아 차가 미끄러졌거나 운전자가 잠든 동안 실수로 자동차의 핸들을 조종했을 경우 등이 있습니다. 다 큰 어른이 핑계 댈 것이 없어서 어린이에게 책임을 떠맡기다니 참 어이가 없군요.

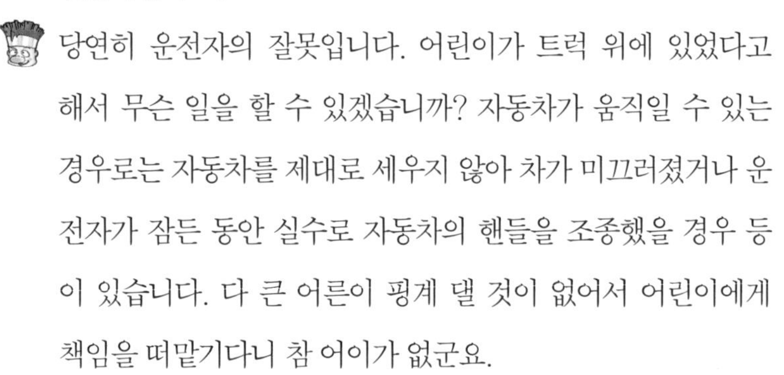

어린이에 의해 트럭이 움직이는 일은 있을 수 없다는 거군요.

네, 어린이가 트럭 안에 있었다면 핸들을 조작했거나 기어를 만졌을 수 있겠지만 트럭 위에서 트럭을 움직이게 할 방법이 무엇이 있겠습니까?

어린이가 트럭 위에서 달렸다고 했는데 그건 어떻게 됩니까?

달린다고 트럭이 이동한다고 말할 수 있을까요? 글쎄요.

음…… 전혀 그럴 일은 없다고 봅니다.

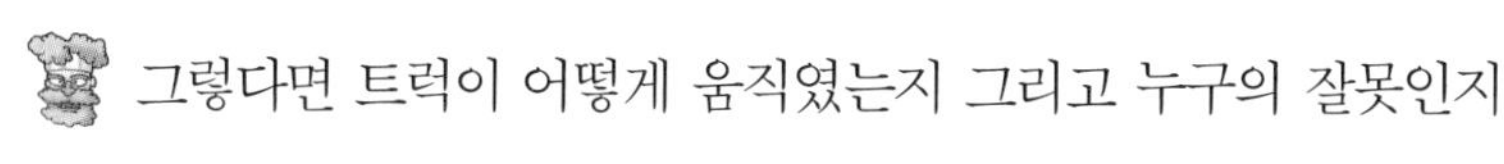
그렇다면 트럭이 어떻게 움직였는지 그리고 누구의 잘못인지 피즈 변호사의 변론을 들어보겠습니다.

트럭이 움직인 것은 트럭의 핸들을 조작했거나 기어를 움직였기 때문이 아닙니다.

그래요? 그럼 트럭이 어떻게 움직일 수 있죠?

이것은 트럭뿐 아니라 모든 물체에서 일어날 수 있는 현상이며 바퀴가 달린 물체일 경우엔 더 잘 일어날 수 있지요.

어떤 원리이기에 큰 트럭이 움직일 수 있다는 겁니까?

질량을 가진 물체가 속도를 가지고 움직이면 그 물체는 운동량을 가지고 있으며 이 운동량은 질량과 물체의 속도의 곱으로 계산이 가능합니다. 운동량은 항상 보존이 되며 한 물체가 둘 이상의 물체로 분해되거나 두 물체나 세 물체가 한 물체처럼 다루어질 때도 전체 운동량은 보존이 되는데, 후자의 경우가 이번 사건에 해당됩니다.

운동량이 보존되는 원리 때문에 트럭이 뒤로 이동했다는 겁니까?

네. 처음에 트럭 위에 아이가 타고 있었고 트럭과 아이는 모두 정지하고 있었습니다. 트럭과 아이가 두 물체이지만 마치 하나의 물체처럼 작용합니다. 이때 전체 운동량은 보존되므로 아이가 앞으로 뛰어가는 운동량과 트럭이 움직인 운동량의 합이 처음 전체 운동량과 같아야 합니다. 운동량은 질량과 속도의 곱이고 처음에 모두 정지하고 있었으므로 처음의 전체 운동량은 0이 됩니다. 아이가 트럭 맨 뒤에서 앞으로 뛰어갈 때 아이의 운동량만큼 트럭이 뒤로 밀려나면 아이의 운동량을 양으로 봤을 때 트럭의 운동량이 음의 값을 가지므로 서로 상쇄되어 처음의 운동량과 같은 0을 가지는 것입니다.

아이의 질량은 트럭의 질량보다 아주 작습니다. 질량의 차이는 어떤 관계가 있습니까?

트럭에 비해 아이의 질량은 아주 작기 때문에 아이의 속도에 비해 트럭의 속도는 아주 작습니다. 하지만 아이의 속도가 아주 빠르다면 트럭의 속도가 더 이상 느려질 수 없을 겁니다. 보통 일상에서는 마찰력이 존재하므로 트럭이 쉽게 밀리지 않지만 트럭의 바퀴와 바닥과의 마찰력을 이겨 낼 만큼의 속도로 어린이가 달린다면 마찰이 있는 곳에서도 트럭이 뒤로 밀려 트럭 뒤에 있던 공예품이 깨질 수 있습니다.

운동량의 보존으로 작은 아이가 트럭을 움직일 수 있다니 이 원리를 모르는 사람들에게는 신기한 일이겠군요. 운동량 보존의 원리로부터 트럭이 움직일 수 있었던 이유를 알 수 있었습니다. 공예품이 깨진 것은 어린이가 트럭 위에서 앞으로 뛰어간 행동 때문인 것으로 판단됩니다. 하지만 공예품 가게 앞은 주차 지역이 아니었고 공예품이 있는 가게 앞에서 불법 주차

를 한 운전자의 잘못도 어느 정도 인정된다고 볼 수 있으므로 이 사건의 책임은 어린이와 운전자에게 반반씩 있다고 봅니다. 양측이 피해자인 공예품 가게 주인에게 피해 금액의 절반씩을 변상하도록 하십시오. 이상으로 재판을 마치겠습니다.

재판이 끝난 후, 찡구네 부모님은 나깜박 씨에게 사과를 했다. 나깜박 씨 역시 불법 주차를 한 것을 반성하고, 앞으로는 주차 구역에 주차를 하겠다고 다짐했다. 운동량 보존의 원리라는 신기한 것을 배우게 된 찡구는 그 후로 물리에 관심을 갖게 되어, 놀이터에 나가지도 않고 매일 과학책으로 공부만 하고 있다.

운동량 보존 법칙

외부의 힘을 받지 않는 고립된 물체들 사이에서 전체 운동량의 합이 보존된다는 법칙을 운동량 보존 법칙이라고 한다. 이때 운동량은 방향이 있는 물리량이므로 오른쪽으로 움직이는 물체의 운동량을 양으로 하면 왼쪽으로 움직이는 물체의 운동량은 음이 되어야 한다.

과학성적 끌어올리기

운동량 보존 법칙

두 물체가 서로 다른 속도로 움직이다가 충돌하면 두 물체의 속도가 달라진다. 따라서 두 물체의 운동량도 달라지게 된다. 이때 충돌하기 전 두 물체의 운동량의 총합과 충돌한 후 운동량의 총합은 같아지는데 그 관계가 바로 운동량 보존 법칙이다. 이제 그것에 대해 얘기해 보기로 하자.

그림과 같이 질량이 각각 m_1, m_2인 두 물체가 서로 다른 속도 v_1, v_2로 움직이고 있었다고 하자.

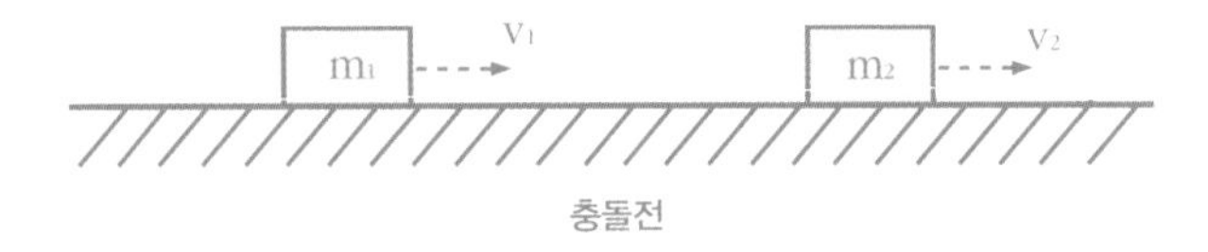

충돌전

이때 두 물체의 운동량은 m_1v_1, m_2v_2이므로 두 물체의 운동량의 총합은 다음과 같다.

$$충돌\ 전\ 운동량의\ 합 = m_1v_1 + m_2v_2$$

이제 두 물체가 충돌하는 경우를 보자. 충돌 후 두 물체의 바뀐 속도를 각각 v_1', v_2'이라고 하면 다음 그림과 같이 된다.

과학성적 끌어올리기

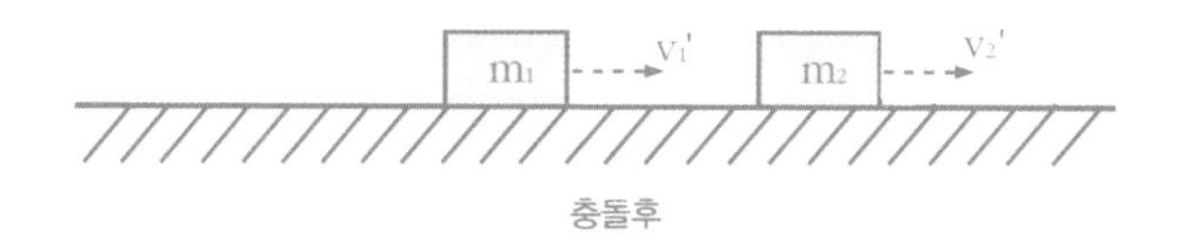

충돌후

충돌 후 두 물체의 운동량은 m_1v_1', m_2v_2' 이므로 두 물체의 운동량의 총합은 다음과 같다.

충돌 후 운동량의 합 $= m_1v_1' + m_2v_2'$

이때 두 물체의 충돌에 대해 다음과 같은 운동량 보존 법칙이 성립한다.

충돌 전 운동량의 합 = 충돌 후 운동량의 합

$$m_1v_1 + m_2v_2 = m_1v_1' + m_2v_2'$$

예를 들어 질량이 1kg으로 같은 두 공이 충돌하여 하나가 되어 움직이는 다음과 같은 세 경우를 살펴보자.

① 속도 10m/s로 오른쪽으로 움직이는 공A가 정지해 있는 공B와 부딪쳐 하나가 되어 움직인 경우를 보자. 충돌 후 하나가 되었을 때 속도를 V라고 하면 운동량 보존 법칙으로부터

충돌 전 운동량의 합 = 충돌 후 운동량의 합

$$1 \times 10 + 1 \times 0 = 2 \times V$$

$$\therefore V = 5(m/s)$$

따라서 충돌 후 하나가 된 두 공은 5m/s의 속도로 오른쪽으로 움직인다.

② 속도 20m/s로 오른쪽으로 움직이는 공A가 속도 10m/s로 오른쪽으로 움직이는 공 B와 충돌하여 하나가 되어 움직인다고 해보자. 충돌 후 하나가 되었을 때 속도를 V라고 하면 운동량 보존 법칙으로부터

충돌 전 운동량의 합 = 충돌 후 운동량의 합

$$1 \times 20 + 1 \times 10 = 2 \times V$$

$$\therefore V = 15(m/s)$$

따라서 충돌 후 하나가 된 두 공은 15m/s의 속도로 오른쪽으로 움직인다.

③ 속도 20m/s의 속력으로 오른쪽으로 움직이는 공과 속도 20m/s의 속력으로 왼쪽으로 움직이는 공이 충돌 후 하나가 되어 움직인다고 하자. 충돌 후 하나가 되었을 때 속도를 V라고 하면 운동량 보존 법칙으로부터

충돌 전 운동량의 합 = 충돌 후 운동량의 합

$$1 \times 20 + 1 \times (-20) = 2 \times V$$

$$\therefore V = 0$$

따라서 충돌 후 하나가 된 두 공은 정지한다.

폭발과 운동량 보존 법칙

정지해 있던 폭탄이 터지면 여러 개의 조각이 제각각 다른 속도로 튀어나가는 것을 볼 수 있다. 이렇게 정지해 있던 하나의 물체가 두 개 이상의 물체로 분리되는 과정을 폭발이라고 하는데 이 경우 역시 운동량 보존 법칙을 써서 조각들의 속도를 결정할 수 있다.

질량이 M인 물체가 정지해 있다가 폭발하여 각각의 질량이 m_1, m_2인 두 물체로 분리되었다고 하자.

이때 폭발 후 두 조각의 속도를 각각 v_1, v_2라고 하면 운동량 보존 법칙으로부터 다음 식이 성립한다.

분리 전 운동량의 합 = 분리 후 운동량의 합

$$M \times 0 = m_1 v_1 + m_2 v_2$$

이 식으로부터 v_1이 (+)이면 v_2는 (-)가 되므로 일직선상에서 분리가 일어날 때 두 조각은 서로 반대 방향으로 움직인다는 것을 알 수 있다.

가장 간단한 예로 총알이 튀어나갈 때 총의 반동을 들 수 있다. 예를 들어 질량이 10kg인 총에 질량이 1kg인 총알을 넣었다고 하자. 방아쇠를 당겼더니 총알이 오른쪽으로 30m/s의 속도로 날아갔다고 하자. 이때 총은 얼마나 빠른 속도로 움직일까?

이때 총의 속도를 V라고 하면

$$\text{분리 전 운동량의 합} = \text{분리 후 운동량의 합}$$

$$(10+1)\times 0 = 10\times V + 1\times 30$$

$$\therefore V = -3(\text{m/s})$$

따라서 총은 왼쪽으로 3m/s의 속력으로 움직인다, 이것을 총의 반동 속도라 한다. 그러므로 총알이 무거울수록 그리고 총알이 빠를수록 총의 반동 속도도 커지게 된다.

에너지에 관한 사건

에너지 보존 – 바이킹의 자리 값
위치 에너지 – 위치 에너지의 기준을 줘야죠
운동 에너지 – 무겁다고 운동 에너지가 큰가?
에너지와 마찰 – 스키드 자국과 스피드
에너지 보존 – 눈썰매장 벽이 너무 가깝잖아요?
무게중심과 회전 – 갈비 세트가 떨어진 이유
회전 운동의 에너지 – 비탈에선 굴러라
회전① – 야구 배트의 길이와 안타
회전② – 안유연 양의 원통 쇼

바이킹의 자리 값

정말 바이킹의 앉는 위치에 따라
요금을 다르게 받아야 할까요?

“저게 뭐래?”

“글쎄, 나도 잘 모르겠는데. 배처럼 생기긴 했는데 이 근처에는 바다는커녕 강도 없고…….”

과학공화국 안노라 시티에는 어느 날부터인가 처음 보는 시설이 지어지고 있었다. 공원 놀이터의 한가운데에 꼭 배 모양처럼 지어지는 시설을 보며 아이들은 알 수 없는 물체의 정체를 밝혀 보려고 주위를 빙글빙글 돌았다. 하지만 얼마 지나지 않아 시설이 완성되자 커다란 팻말이 붙어 스스로 정체를 밝혔다. 팻말에는 커다란 글씨로 ‘바이킹’이라는 세 글자가 새겨져 있었다.

"이게 그 말로만 듣던 바이킹이라는 거로구만."

"그러게 말이에요. 우리 도시에는 처음 생기는 거라죠?"

"그럴 거야. 나도 다른 도시를 여행할 때 딱 한 번 타 보고는 어찌나 재미있던지 지금도 그 기억이 생생하다니깐."

안노라 시티에는 바이킹이 이번에 처음 도입되어 바이킹을 타 본 사람은커녕 구경도 못해 본 사람이 대부분이라 사람들의 기대는 매우 컸다. 특히 아이들은 벌써부터 부모님께 태워 달라고 바이킹 앞에서 떼를 쓰기도 하였고 바이킹을 타기 위해 저축을 하는 아이도 있었다. 하지만 비단 아이들뿐만이 아니라 어른들까지도 공원을 거닐 때마다 바이킹을 보며 감탄했고 바이킹이 얼른 운행되기를 은근히 기다렸다. 그런 사람들의 마음을 알았는지 며칠 뒤 바이킹이 드디어 운행되기 시작했다.

"들었어? 바이킹이 어제부터 운행하기 시작했대."

"정말? 그럼 우리도 어서 가서 한 번 타 보자."

단짝 친구인 안겁나와 왕무서 씨는 호기심 반 기대 반으로 서둘러 바이킹을 타러 공원으로 향했다. 바이킹 앞은 이미 너도나도 먼저 타려는 사람들로 난리도 아니었다. 줄을 서서 기다리는 사람, 슬쩍 새치기를 해놓고 시치미를 떼는 사람, 엄마에게 떼를 쓰며 우는 아이도 몇몇 보였다. 바이킹 주인인 박수완 씨는 그 모습을 보며 확성기를 들고 말했다.

"자자, 여러분 질서를 지켜 주세요. 질서를!"

그리고는 바이킹의 문을 열고 좌석 수만큼 사람들을 들여 놓기 시작했다. 곧이어 자리가 차자 박수완 씨가 다시 확성기를 들고는 말했다.

"자, 여러분들이 바이킹을 처음 타기에 이렇게 자리를 배치하여 놀이기구를 먼저 시범적으로 탄 후에 좌석 당 이용료를 설명해 드리겠습니다."

그리고는 '위잉~' 하는 소리와 함께 바이킹이 움직이기 시작했다. 운 좋게 뒤쪽에 자리를 잡은 안겁나 씨는 짜릿한 스릴을 느낄 수 있었다. 하지만 왕무서 씨는 겁이 나서 견딜 수가 없었다. 어서 빨리 바이킹이 멈추기만을 기다리며 안전 바를 잡고 놓을 생각을 하지 않았다. 드디어 바이킹이 서서히 멈추기 시작하고 안전 바가 올라갔다. 그때 박수완 씨가 확성기를 들고는 사람들에게 말했다.

"여러분, 재미있었나요?"

"네~."

사람들은 너도나도 상기된 얼굴로 재미있어 죽겠다는 표정으로 대답했다. 어린아이들은 물론이고 어른들도 흥분을 가라앉히지 못했다.

"자, 그럼 우선 간단하게 이용료에 대해 설명을 해 드리죠. 양 끝쪽의 두 줄은 가운데 자리의 이용료의 두 배를 내셔야 합니다."

"뭐여?"

사람들은 제각각 어이없다는 표정을 지었다.

"바이킹은 어느 자리에서 타나 그게 그거지. 뭐! 더 재미있고 덜 재미있고의 차이가 어디 있나?"

왕무서 씨가 따지고 나섰다. 박수완 씨가 능글맞은 웃음과 함께 말했다.

"여러분들이 방금 탄 것처럼 바이킹은 자리마다 올라가는 높이의 정도도, 내려오는 속도도 각각 다르기 때문에 가장 스릴 있는 뒷자리가 비싼 것이 당연한 얘기 아니겠어요?"

"이건 말도 안 돼. 어느 자리건 속력은 다 똑같은데 자리마다 이용료가 다르다는 게 말이 돼?"

안겁나 씨가 항의했다.

"마음대로 생각하십시오. 흐흐."

"난 뒷자리나 앞자리나 똑같이 무섭던데."

사람들이 모두들 수군거리며 불평을 하기 시작했다.

안겁나 씨는 두 주먹을 불끈 쥐었다. 그리고 다음 날, 그는 물리법정으로 향했다.

바이킹은 높은 곳의 위치 에너지가 아래로 내려오면서 운동 에너지로 바뀌면서 속력이 빨라지게 되는 원리로 운행이 되는 놀이기구입니다.

박수완 씨의 말대로 바이킹의 뒷자리가 더 스릴 있고 속력이 빠를까요?

물리법정에서 알아봅시다.

 재판을 시작합니다. 먼저 피고 측 물치 변호사.

 자…… 잠시 만요.

 왜 그렇게 얼굴색이 안 좋죠?

 이번 변론을 준비하기 위해 바이킹을 20번 정도 탔더니 속이 메스꺼워서 그럽니다.

 그럼 변론은 넘어갈까요?

 아니요! 변론 해야죠.

 엄살 피우지 말고 변론 하세요.

 알았어요, 알았어. 흥! 이 사건은 제가 바이킹을 수없이 타 본 결과 당연히 뒷자리가 더 비싼 이용료를 받아야 함이 명백하다는 것을 몸소 체험했습니다.

 어떤 근거가 있지요?

 판사님이 가서 한 번 타 보세요. 뒷자리가 백만 배는 더 무섭더라니까요.

 으이그, 원고 측 변론이나 들어봅시다.

 저희는 에너지 연구소의 김속력 씨를 증인으로 요청합니다.

그러자 희끗희끗한 머리의 노신사 한 분이 점잖게 걸어 들어와 증인석에 앉았다.

바이킹을 탈 때 바이킹의 뒤쪽에 앉는 것이 앞쪽에 앉는 것보다 빠르게 움직이기 때문에 더 무섭다고 볼 수 있을까요?

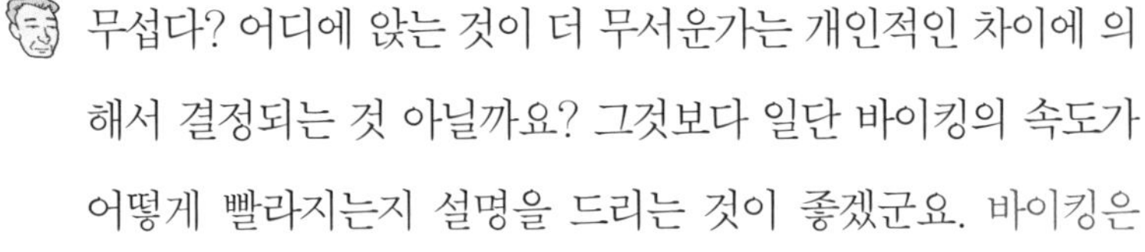
무섭다? 어디에 앉는 것이 더 무서운가는 개인적인 차이에 의해서 결정되는 것 아닐까요? 그것보다 일단 바이킹의 속도가 어떻게 빨라지는지 설명을 드리는 것이 좋겠군요. 바이킹은 높은 곳에 올라가서 잠시 멈추었다가 내려오면서 속력이 빨라지는 배 모양의 놀이 기구를 말하는 것입니다. 배가 제일 아래로 내려왔을 때의 높이를 기준으로 했을 때 높은 곳에 있는 배가 가진 위치 에너지가 내려오면서 점차적으로 위치 에너지가 감소하고 감소한 위치 에너지는 운동 에너지로 바뀌어 속도가 빨라지는 것입니다.

바이킹에 앉은 위치에 따라 속력이 달라질 수 있을까요? 보통의 경우 뒤에 앉는 것이 앞에 앉는 것보다 속력이 빠르다고 생각하고 있기 때문에 무섭다고 판단을 하는 것 같습니다만…….

바이킹 자체가 더욱 높은 곳으로 올라간다면 더 빠른 속도를 느낄 수 있겠지만 위치에 따라 속력이 달라질 수는 없습니다. 바이킹은 크지만 한 물체이므로 각 부분의 속력이 달라질 수는 없으며 만약 각부분이 다른 속력을 가진다면 빠른 부분과 느린 부분에 의해 바이킹이 분해되어 버리겠죠. 하하하. 바이킹의 뒤쪽에 앉은 사람은 단지 높이 올라가는 것뿐 앞쪽에 앉은 사람과 달라지는 것은 없습니다. 무섭다고 느끼는 것은 높이 올라가기 때문이라고 볼 수 있겠군요. 하지만 그것도 반대편으로 넘어가면 앞쪽에 앉은 사람보다도 낮은 높이로 내려가기 때문에 무조건 더 무섭다고 볼 수도 없지 않을까요?

그렇군요. 뒤쪽에 앉은 사람이 앞쪽에 앉은 사람보다 한쪽에서는 높은 곳까지 올라갈지 몰라도 반대편으로 넘어가면 그만큼 낮은 높이까지 내려가겠군요. 그것까진 생각 못했습니다. 지금까지 증인의 설명으로 바이킹은 높은 곳의 위치 에너지가 아래로 내려오면서 점차적으로 운동 에너지로 변하면서 속력이 빨라진다는 것을 알 수 있었고 앉는 위치와 속력의 변화는 전혀 관계가 없음을 확인했습니다. 따라서 피고는 어디에 앉든 같은 요금을 받아야 할 것입니다. 이미 요금을 다르게 받았다면 많이 받은 사람들에게 환불해 줄 것을 요구합니다.

원고 측 변론을 들어보니 피고 측에서도 충분히 인정할 수 있을 것으로 판단됩니다. 바이킹의 앉는 위치에 따라서 요금을 다르게 받는 것은 인정할 수 없습니다. 지금까지 다르게 받은 돈만큼 환불해 주어야 하며 앞으로도 일정한 요금을 받도록 하십시오. 이상으로 재판을 마치도록 하겠습니다.

재판이 끝난 후 두 배로 냈던 돈을 환불받은 안겁나는 그 돈을 가지고 또 바이킹을 탔다. 매일매일 바이킹을 타고 놀던 안겁나는 조만간 번지점프가 마을에 들어온다는 소식에 한껏 들떠 있는 중이다.

운동 에너지는 물체나 입자가 운동하기 때문에 갖게 되는 에너지이다. 어떤 물체에 힘을 가해서 에너지를 전달하는 일이 행해지면 물체의 속도가 증가하여 운동 에너지를 가지게 된다. 운동 에너지는 움직이는 물체나 입자가 가지는 특성이며 물체의 운동뿐만 아니라 질량에도 의존하는 양이다.

위치 에너지의 기준을 줘야죠

백치미와 고지식 씨가 퀴즈 프로그램에서
동점을 받은 이유는 무엇일까요?

백치미 씨는 가장 예쁜 여자 연예인이었다. 그녀는 얼굴도 아름답고 몸매도 S라인이며 매력적인 분위기로 대중들에게 인기를 얻었다. 하지만 그녀에게도 콤플렉스가 있었다.

"백치미는 연기가 너무 안 돼! 머리가 어찌나 나쁜지 대사도 제대로 못 외우고 말이야. 말 그대로 얼굴만 예쁘지. 연기자로는 꽝이야!"

"예쁘긴 하죠! 근데 이건 비밀인데 머리가 텅텅 비었다고 하더라고요. 하하하."

그녀에 대한 사람들의 시선은 대충 이러했다. 소속사에서도 이러한 이미지 때문에 고민을 해야 했다. 들어오는 작품마다 연기보다는 외모 중심의 섭외가 많았다. 그러나 그녀의 꿈은 최고의 연기자가 되는 것이었다.

"저도 비련의 여주인공이나 억척스러운 아줌마, 뭐 그런 거 하고 싶어요!"

백치미 씨는 소속사의 사장에게 매번 이런 억지스러운 요구를 해 왔다. 하지만 사장은 한숨만 내쉴 뿐이었다.

"그런 역할은 정말 연기력이 있지 않고는 소화하기 힘든데…… 치미는 절대 안 되지, 휴."

한 번은 이런 일도 있었다. 한 잡지사와의 인터뷰에서 그녀의 무식함이 몽땅 드러난 것이다.

"백치미 씨! 이번 광고에서도 섹시한 매력을 한껏 뽐내셨는데요. 장미향의 화장품 광고! 백치미 씨한테 딱 어울리는 것 같아요."

다리를 꼬고 도도하게 앉아 있던 백치미 씨는 입을 열었다.

"뭐 제가 장미랑 잘 어울리기는 하죠! 로즈. LOSE. 호호호."

"네? LOSE라고요? ROSE가 아니라……."

"LOSE죠! L! 로즈! 기자님은 그런 것도 모르시나 봐요!"

다음 날 백치미 씨는 신문 1면을 장식했다.

'백치미 그녀의 장미는 LOSE!'

이를 본 소속사에서는 그녀에게 함구령을 내렸다. 다시 말해서 백치미 씨에게 오는 모든 인터뷰를 금지시켰다. 그리고 얼마 후 그녀는 스포츠 프로의 게스트로 출연하게 되었다.

"백치미 씨, 오늘 아테네 올림픽 축구 중계를 도와주시러 직접 나오셨는데요. 새벽이라 많이 졸리지 않으세요?"

"네? 조금 졸리네요. 근데요."

그녀의 매니저는 또다시 LOSE의 아픈 추억이 떠오르며 불안감에 휩싸였다.

'제발, 입 좀 열지 마!'

"근데요, 그리스는 왜 새벽에 축구를 해요? 낮에 하면 좋잖아요. 호호호."

"아! 시차 때문에……."

백치미 씨와 나란히 앉아 있던 캐스터는 할 말을 잃었다. 매니저도 두 눈을 질끈 감았다. 다음 날 어김없이 백치미 씨의 기사가 1면을 장식했다.

'백치미, 그리스는 왜 새벽에 축구를 하죠?'

소속사는 다시 한 번 긴급회의를 했다.

"안 되겠습니다. 백치미 씨를 공부시켜서 대학에 보내야겠어요. 더 이상의 이런 무식함은 연예 활동에 큰 지장을 줄 겁니다."

"그래요, 요즘처럼 똑똑한 연예인이 마구 쏟아지는 시대에 얼굴만 예쁜 무식한 연예인은 퇴출 1순위죠."

그렇게 해서 백치미 씨는 공부를 시작했다. 1년 동안의 공백 기간을 정하고 오직 공부에만 전념하기로 했다. 1년 뒤 그녀는 당당하게 퀴즈 프로그램에 나갔다.

"예, 백치미 씨! 정말 오랜만에 뵙네요. 그런데 컴백 무대를 퀴즈 프로그램으로 하시다니…… 정말 뜻밖인데요?"

백치미 씨는 많이 달라져 있었다. 약간은 지적인 매력도 풍기는 듯했다.

"사실 제가 그동안 팬 여러분들께 너무 가벼운 이미지를 주어서 많이 실망하셨을 거예요. 그래서 열심히 공부했습니다. 오늘 퀴즈 프로그램에서 반드시 저의 변한 새로운 모습을 보여 드리겠습니다. 기대하세요!"

그녀의 달라진 모습에 방송 관계자와 시청자들 모두 기대감에 부풀었다.

"이야, 텅텅이가 웬일로 이런 퀴즈 쇼에 나와? 그럼 예선전도 다 통과했다는 거야?"

대한민국 퀴즈 프로그램은 엄격한 시험으로 유명했다. 3회 이상의 예선을 거쳐야 본선에 올라올 수 있었다. 이미 본선 무대에 서 있는 백치미 씨를 보는 눈빛들은 모두 달라졌다. 백치미 씨는 그동안의 서러움을 보상하기라도 하듯이 무서운 기세로 문제를 풀어갔다. 그 결과 결승이라는 높은 고지에 다다랐다.

"예, 백치미 씨! 정말 대단하십니다. 현재 고지식 씨와 나란히 결승전에 진출하셨는데요. 소감이 어떻습니까?"

백치미 씨는 살짝 미소를 머금고 말했다.

"조금 긴장이 되기는 하지만 여기까지 올라온 이상 꼭 우승을 하고 싶습니다."

"정말 당찹니다. 아주 멋지게 변신을 하셨습니다."

매니저는 그녀의 모습에 흐뭇해했다. 지난 1년간의 고생이 떠올라 눈물을 흘렸다.

'드디어! 백치미! 다시 뜨는구나!'

"자, 그럼 결승전 문제 드리겠습니다. 이 문제로 우승이 결정되는데요. 두 분 잘 듣고 신중하게 답하시기 바랍니다. 문제 나갑니다."

백치미 씨는 극도로 긴장하기 시작했다. 고지식 씨도 마찬가지로 손에 땀이 나기 시작했다.

"문제입니다. 바닥으로부터 1m 위에 1kg짜리 물체가 있습니다. 이때의 위치 에너지는 몇입니까?"

스튜디오에는 적막과 긴장감이 감돌았다. 두 사람은 고민 끝에 답을 써내려 갔다.

"조금은 어려운 문제입니다. 두 분 모두 답을 쓰기는 하셨는데요. 백치미 씨, 자신 있습니까?"

"조금 자신이 없는데…… 떨립니다."

"고지식 씨는 자신 있으십니까?"

"네! 자신 있습니다."

"그럼 정답을 발표하기 전에 두 분이 쓰신 답부터 공개하겠습니다. 두 분 모두 정답 판을 들어 주십시오."

백치미 씨와 고지식 씨는 떨리는 손으로 정답 판을 앞으로 내밀었다. 백치미 씨는 0J이라고 썼고, 고지식 씨는 10J이라고 썼다.

"자, 그럼 두 분 중에 과연 정답자가 있을지 기대되는데요. 오늘 우승을 하시는 분께는 퀴즈왕의 명예와 상금 2000달란이 주어집니다. 그럼 정답을 발표하겠습니다. 저도 떨리는데요. 두 분은 얼마나 떨리시겠습니까? 정답은 고지식 씨가 쓰신 10J입니다. 축하드립니다."

'팡!'

무대 위에는 폭죽이 터졌다. 그러나 그때 방청석에 앉아 있던 한 청년이 일어나 소리쳤다.

"잠깐만요!"

생방송 도중의 돌발 상황에 스태프들과 출연자 모두가 긴장했다.

"저는 백치미 씨 팬인데요. 백치미 씨가 쓰신 0J도 답이 됩니다."

순간 스튜디오는 조용해졌다. 그리고 스태프 몇 명이 청년을 데리고 나갔다. 다행히도 방송은 무사히 끝났다. 백치미 씨는 무대 뒤 대기실에서 우승을 놓쳐 아쉬워하고 있었다.

"치미야! 그래도 이 정도면 충분히 이미지 회복했어! 인터넷에서도 너 변했다고 난리야! 하하하."

매니저는 백치미 씨를 달래었다. 그러나 그때 좀 전에 스튜디오에서 소리쳤던 청년이 다가왔다.

"저기요! 정말이에요. 0J도 답이 될 수 있어요."

"이봐요. 나가 주세요! 괜한 위로하지 말고 그냥 가 주세요."

백치미 씨의 신경은 더 날카로워졌다. 청년은 흥분하듯 말했다.

"사실이에요! 0J도 답이라고요!"

청년의 말을 모두 무시하자 다음 날, 그는 물리법정으로 가서 퀴즈 프로그램의 녹화 테이프를 제출하며 고소하였다.

"마지막 결승전 문제에서 백치미 씨의 답도 정답입니다. 아무도 저의 말을 듣지 않아 저는 퀴즈 프로그램을 고소하겠습니다."

다음 날 신문에는 백치미 씨의 기사가 대문짝만하게 났다.

'백치미 씨의 열혈 팬, 퀴즈 프로그램 고소!'

위치 에너지는 물체의 질량과 높이,
중력 가속도에 비례합니다. 이때 물체의 높이는
기준점의 위치에 따라 달라질 수 있습니다.

위치 에너지의 값이 여러 개일 수 있나요?

물리법정에서 알아봅시다.

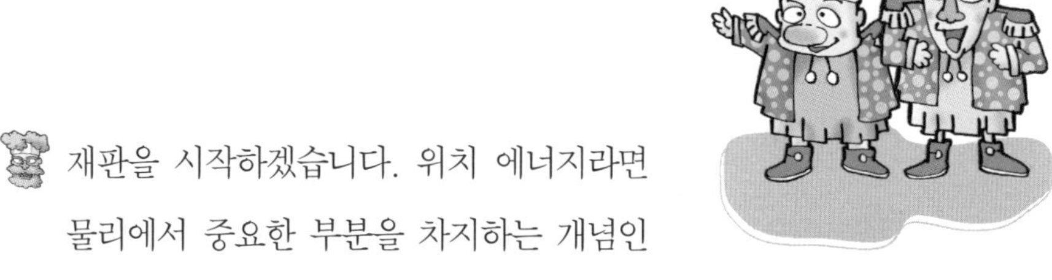

재판을 시작하겠습니다. 위치 에너지라면 물리에서 중요한 부분을 차지하는 개념인 것 같은데 원고는 퀴즈 프로그램에 나온 위치 에너지 문제에 대한 답을 인정하지 못하고 있군요. 어떻게 답이 나온 것이며 원고는 왜 인정을 못하는지 변론을 들어보겠습니다. 피고 측 변론하십시오.

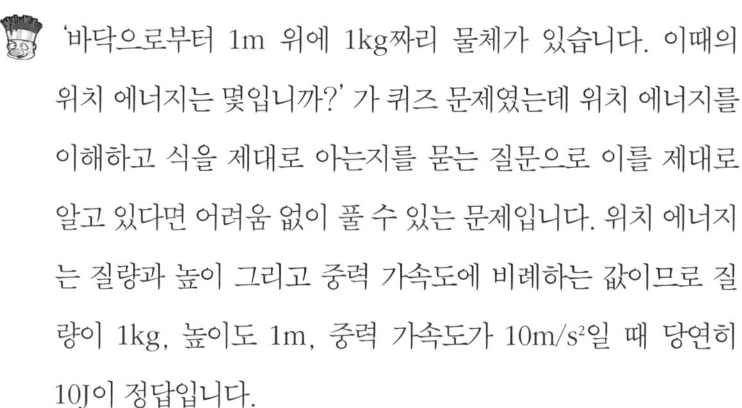

'바닥으로부터 1m 위에 1kg짜리 물체가 있습니다. 이때의 위치 에너지는 몇입니까?' 가 퀴즈 문제였는데 위치 에너지를 이해하고 식을 제대로 아는지를 묻는 질문으로 이를 제대로 알고 있다면 어려움 없이 풀 수 있는 문제입니다. 위치 에너지는 질량과 높이 그리고 중력 가속도에 비례하는 값이므로 질량이 1kg, 높이도 1m, 중력 가속도가 $10m/s^2$일 때 당연히 10J이 정답입니다.

원고는 왜 10J이라는 답을 인정하지 않는 것일까요? 백치미 씨가 말한 0J이라는 답도 정답이라고 말하는 이유가 무엇이겠습니까?

백치미 씨가 예쁘고 인기 있는 연예인이며 원고는 백치미 씨의 열혈팬이기 때문입니다. 자신의 영웅과도 같은 연예인이 정답을 맞히지 못하고 우승을 눈앞에 둔 상태에서 좌절하는 모습을 볼 수 없었던 거지요. 하지만 정답은 0J가 될 수 없고 백치미 씨도 원고가 이렇게 고소까지 할 것을 원하지 않았는데 원고는 하지 않아도 될 일을 했다고 봅니다.

퀴즈 문제의 답은 절대 0J가 되지 못하는데 원고가 좋아하는 연예인이 이기기를 바라는 마음으로 고소를 했다는 거군요. 원고 측은 어떻게 0J도 답이 될 수 있는지 변론해 주십시오.

피고 측 변호사는 위치 에너지에 대해서 좀 더 정확히 알 필요가 있습니다. 위치 에너지는 절대적인 값이 아니라 상대적으로 변화할 수 있는 값입니다.

에너지가 변할 수 있다는 건 무슨 의미인가요?

피고 측 변호사의 말씀처럼 위치 에너지는 물체의 질량과 높이, 중력 가속도에 비례하는 값을 가집니다. 하지만 그 기준을 어디로 잡느냐에 따라 위치 에너지의 값은 여러 가지 값으로 달라질 수 있습니다. 따라서 문제를 내기 전에 위치 에너지가 0이 되는 점(기준)이 어디인가를 먼저 제시했어야 합니다. 퀴즈 프로그램에서 제출한 위치 에너지를 구하는 문제에서 바닥을 기준으로 한다면 피고 측의 주장대로 10J가 되지만 만약 기준이 물체가 있는 바닥으로부터 1m 위를 기준으로 한다면 원고의 말처럼 0J가 되는 겁니다. 또한 기준을 바닥으로부터

2m 위를 기준으로 한다면 위치 에너지 값은 -10J가 될 수도 있습니다.

 위치 에너지를 측정할 때는 어디를 기준점으로 잡는지가 중요한 문제군요.

 그렇습니다. 퀴즈 문제를 제출한 사람도 물리에 대한 기본적인 지식을 가지지 못했기 때문에 이런 실수를 했겠지만 위치 에너지에 대한 기준점을 제시하지 않은 것은 정답을 좌지우지할 정도로 큰 실수임에 틀림없습니다. 따라서 두 사람 모두 다 정답으로 인정해야 하며 거액의 상금이 걸려 있는 만큼 우승을 가리기 위한 재대결이 이루어져야 한다고 봅니다.

위치 에너지

위치 에너지는 물체가 각자의 위치에 따라 잠재적으로 가지고 있는 에너지로 퍼텐셜에너지(potential energy)라고도 한다. 예를 들면 지상의 높은 곳에 있는 물체는 내려올 때 일정한 일을 할 수 있으므로 중력에 의한 위치 에너지를 가지는 것이 된다. 또 외부의 힘에 의해서 변형되어 있는 용수철은 외부의 힘을 제거하면 각각의 변형에 대응하는 크기의 일을 하므로 변형에 의한 위치 에너지를 가지는 것이 된다.

 퀴즈 문제의 출제자는 문제에 대해 확실한 지식을 가진 사람으로 선발해야겠습니다. 이번 퀴즈대회는 두 사람의 무승부로 결정을 내리고 프로그램 담당자는 다음 회에 결승전을 다시 치르도록 하십시오. 재결승전에서는 문제 제출에 더욱 신중을 기하도록 해야겠습니다. 이상으로 재판을 마치겠습니다.

재판이 끝난 후, 백치미의 답도 정답일 수 있다는 것을 알게 된 사람들은 텅텅 빈 줄만 알았던 백치미에게 저런 지적인 모습이 있

다는 것에 놀랐다. 그 퀴즈 대회 이후 지적인 이미지로 이미지를 바꾸게 된 백치미는 다시 인기 있는 연예인으로 정상을 달릴 수 있었다.

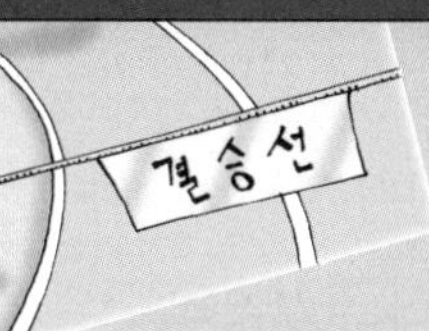

무겁다고 운동 에너지가 큰가?

100kg 남자와 50kg 여자가 달릴 때
누구의 운동 에너지가 더 클까요?

시청자들의 호기심을 대신 풀어주는 쇼 프로그램 '호기심 왕국'에서는 항상 특이한 소재로 시청률을 높이고 있었다.

"시청자 여러분, 오늘도 저희 호기심 왕국에서는 아주 독특한 여러분의 궁금증을 풀어드리기 위하여 준비했습니다. 저희 홈페이지의 게시판에 시청자 분께서 직접 올려주신 궁금증입니다. 아이디 궁금걸 님께서 올려주셨네요. '자기 전에 라면을 먹고 자면 정말 아침에 얼굴이 붓나요?' 라는 질문이에요. 그렇다면 바로 실험에 들어가야죠! 실험 보이! 나와 주세요!"

슈퍼맨 복장의 타이트한 복장을 한 남자가 화면에 비춰졌다.

"짜 자잔! 여러분 안녕하세요. 저는 실험 보이입니다. 여러분, 과연 라면을 먹고 자면 다음 날 얼굴이 부을까요? 얼마나 부을까요? 그것을 직접 실험하기 위해서 여자 두 분과 남자 두 분 총 네 분의 실험 도우미를 모셨습니다. 현재 시간은 밤 11시입니다. 지금부터 이 분들은 라면을 맛있게 먹고 잠자리에 들도록 하겠습니다. 1번 여자 분은 한 그릇을 2번 여자 분은 두 그릇을, 3번 남자 분은 세 그릇을, 4번 남자 분은 네 그릇을 드시고 바로 눕도록 하겠습니다."

맛있는 라면들이 실험 도우미 앞의 식탁에 놓여졌다. 달걀도 살짝 풀어 있고 파도 송송 썰어져 있는 먹음직한 라면이었다.

"우아! 정말 너무너무 맛있겠어요. 다이어트를 하는 분들께서는 지금 당장 채널을 돌리고 싶은 욕망이 끓어올라 오시겠지만 조금만 참아 주세요! 하하하. 자. 그럼 지금부터 식사를 시작하겠습니다. 시작!"

실험 도우미들은 정신없이 라면을 맛있게 먹어 치우기 시작했고, 배가 빵빵하게 불러 오자 곧장 침대에 누웠다. 그 후 방의 불은 꺼지고 다음 날 7시까지 실험 도우미들은 푹 잠이 들었다.

"시청자 여러분! 아침 해가 밝았어요! 하하하. 어제 라면을 먹고 잔 실험 도우미들이 아직 잠에서 깨어나지 않으셨는데요. 제가 깨워보도록 하겠습니다."

실험 보이는 방 창문의 커튼을 열었다. 아침 햇살이 환하게 비추었다.

"아니 이게 뭐야!"

실험 도우미들의 얼굴은 그야말로 가관이었다. 퉁퉁 부은 얼굴로 실험 도우미들은 잠에서 깨어나 카메라를 보자마자 가리느라 정신이 없었다.

"으악! 정말 대단합니다. 밤에 라면은 절대 안 되나 봅니다. 사람인지 괴물인지 분간할 수 없습니다. 특히 4그릇을 먹고 잔 4번 남자 분! 무섭습니다. 아이디 궁금걸 님! 이제 호기심이 해결되셨습니까?"

자료 화면을 본 패널들은 모두 박장대소하였다. 사회자 우재석씨도 한참을 웃다가 다시 마이크를 잡았다.

"정말 저희 호기심 왕국은 대단합니다. 실험 도우미 분들의 퉁퉁 부은 쌩얼을 그대로 방송에 내보내다니. 아무튼 아이디 궁금걸 님의 궁금증은 모두 해결이 되었습니다. 다음 궁금증이 또 기대가 되는데요. 하하하! 아이디 탐정님이 올려주신 글입니다. 100kg인 남자와 50kg인 여자가 달릴 때 누구의 운동 에너지가 더 큰가요? 네, 조금은 과학적인 질문이 아닌가 싶습니다. 우리 박거성 씨는 이 질문에 대하여 어떻게 생각하십니까?"

개그계의 반항아라 불리는 박거성 씨는 삐딱한 자세로 서서 말했다.

"저거는 보나마나 100kg 남자의 운동 에너지가 큰 거죠! 당연한 얘기가 뭐가 궁금하다고 올리고 난리야!"

그의 특기인 호통 개그가 시작되었다. 옆에 있던 장준화 씨가 반기를 들었다.

"이 양반 또 무식한 소리를 하시네! 몸무게가 많이 나가는 사람이 달리기를 더 못해! 달리기 선수를 봐! 다들 마른 몸이잖아! 으이그!"

"뭐야? 이게 어디 거성한테 대들어? 네가 인기를 아니? 인기를 알아?"

"여기서 왜 인기가 나와?"

두 사람은 만나면 티격태격하기 일쑤였다. 사회자 우재석 씨는 급하게 마무리를 지었다.

하지만 녹화가 끝난 후에도 두 사람의 싸움은 계속되었고 결국 이 문제는 물리법정에서 정답을 가리게 되었다.

운동 에너지는 질량에 비례하고 속도의 제곱에 비례하므로
속도의 영향을 더 많이 받을 수도 있습니다.

질량이 큰 사람이 무조건 운동 에너지가 클까요?

물리법정에서 알아봅시다.

재판을 시작하겠습니다. 운동 에너지와 질량과의 관계를 두고 다들 의견이 분분하군요. 객관적인 자료를 토대로 변론을 해 주셨으면 합니다. 물치 변호사 변론하십시오.

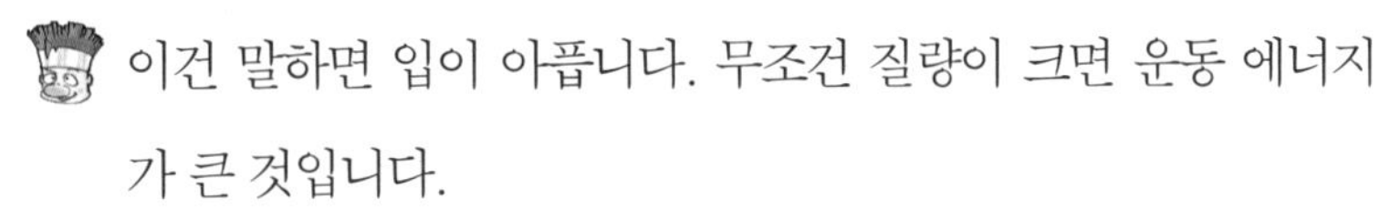

이건 말하면 입이 아픕니다. 무조건 질량이 크면 운동 에너지가 큰 것입니다.

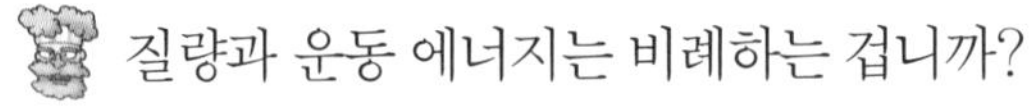

질량과 운동 에너지는 비례하는 겁니까?

그렇지요. 판사님의 질문이 곧 제가 말한 내용의 정리이군요. 질량과 운동 에너지는 비례합니다.

운동 에너지가 질량과 비례한다는 물치 변호사의 변론에 이어 피즈 변호사의 변론을 들어보도록 하겠습니다.

물치 변호사는 운동 에너지가 질량에 비례한다고 하셨는데요. 물치 변호사의 말이 틀린 것은 아닙니다만 한 가지를 빠뜨린 것이 있습니다.

빠뜨린 것이 무엇입니까? 운동 에너지에 질량 외에 또 다른 것이 영향을 준다는 건가요?

그렇습니다. 질량 외에 영향을 주는 요인이 있습니다. 운동 에

너지가 어떤 요인에 영향을 받고 어떻게 변하는지 에너지과학 연구소의 스피드 소장님을 증인으로 모셔서 말씀 들어보겠습니다. 증인 요청을 받아주십시오.

증인 요청을 받아들이겠습니다.

판사님의 말씀이 끝나기가 무섭게 호리호리한 몸집에 얼굴이 아주 작은 30대의 사내가 재빨리 달려 나와 증인석에 앉았다.

눈 깜짝할 사이에 굉장한 에너지로 뛰어나온 것 같습니다. 에너지의 종류에 따라 여러 가지 생각해야 할 요인들이 다른 것으로 압니다. 운동 에너지에 영향을 주는 요인은 무엇이 있습니까?

앞에서 말씀하셨듯이 운동 에너지는 질량과 비례합니다. 운동 에너지를 측정하거나 계산할 때는 질량 이외에 속도도 생각해 주어야 합니다. 아무리 질량이 크다 해도 속도가 0이면 운동 에너지는 없는 겁니다.

운동 에너지는 속도와도 비례하는 겁니까?

아닙니다. 운동 에너지는 속도의 제곱에 비례합니다. 운동 에너지는 질량과 속도의 제곱에 비례하는 거지요. 물치 변호사는 질량이 크면 항상 운동 에너지가 크다고 했지만 운동 에너지가

속도

속도는 속력과 함께 움직이는 물체의 빠르기의 정도를 나타내는 양이다. 속력은 단위 시간당 이동 거리를 측정하여 계산하는 반면, 속도는 단위 시간당 이동한 변위를 측정함으로써 그 크기가 결정된다. 여기서 변위는 움직인 전체 거리가 아니라 주어진 시간 동안 변한 두 위치 사이의 직선거리이다.

질량에는 비례하는 반면 속도에는 제곱에 비례하므로 속도의 영향을 더 받을 때도 많습니다. 즉 질량이 크고 속도가 느린 사람에 비해서 질량은 작더라도 속도가 아주 빠른 사람이 훨씬 큰 운동 에너지를 가질 수 있습니다.

질량 하나만 보고 판단하면 안 되고 달리는 속도도 감안했어야 했군요.

그렇습니다. 운동 에너지의 정확한 정량적인 값은 질량×속도 제곱의 절반입니다. 이 계산법으로 계산하면 누구의 운동 에너지가 더 큰지를 명확히 가려낼 수 있습니다.

정량적으로 계산하는 식이 있으면 더 이상 싸울 필요가 없겠군요. 운동 에너지는 질량과 속도의 제곱에 비례하며 정량적으로도 계산이 가능하여 명확한 값을 얻어 낼 수 있습니다.

정확한 값을 얻어 낸다니 비교하기도 쉽고 좋군요. 운동 에너지가 질량뿐 아니라 속도에도 관계한다는 사실을 알았으니 질량이 큰 사람이 운동 에너지가 크다는 것은 인정할 수 없는 내용이군요. 이상으로 재판을 마치겠습니다.

재판이 끝난 후, 자신이 말한 것이 틀렸음을 알게 된 박거성은 민망했다. 그 이후 무조건 큰 소리만 떵떵 치던 박거성도 과학에 관한 정보나 상식에 대한 책을 많이 사 보며 겸손함을 기르게 되었다. 그래도 자신이 확신하는 답은 여전히 떵떵 거리고 있다.

스키드 자국과 스피드

정말 과속 여부를 스키드 자국으로
측정할 수 있을까요?

아마추어 카레이서 스피드 씨와 패스트 씨는 오래된 친구이자 의형제이며 한편으로는 라이벌이었다.

"패스트! 이번 대회에서 우승할 자신 있어?"

"당연하지! 내가 이 대회를 얼마나 손꼽아 기다렸다고! 지난번 대회에서는 네가 우승했었잖아. 오늘은 절대 양보 못하지!"

"네 마음대로 되지는 않을 거야! 나한테도 이번 대회는 욕심이 나거든?"

"그럼 이번에도 치열한 레이스가 되겠군!"

일주일 뒤에 열리게 될 세계 아마추어 선수권 대회에 두 사람은 나란히 출전하게 되었다. 초등학교 때부터 아옹다옹하면서도 항상 베스트 프렌드로 꼭 붙어 다녔었다. 취미도 같았고, 성격도 비슷해서 쌍둥이 같다는 소리를 수도 없이 들었었다. 또한 꿈도 둘 다 최고의 카레이서가 되는 것이었다. 두 사람이 의형제를 맺게 된 것은 열 살 때의 일이었다. 하루는 스피드의 아빠가 어린이날 선물로 무선 조종 자동차를 주었다. 그런데 우연히도 패스트의 아빠도 같은 선물을 아들에게 주었다. 둘은 온종일 자동차만 가지고 노느라 밥도 제대로 먹지 못했다. 공원에서 마주친 스피드와 패스트는 경주를 하기 시작했고, 배터리가 닳을 때까지 밤새도록 경기는 계속 되었다. 어린 아이들이 밤새 장난감을 가지고 노느라 집에 돌아오지 않아 부모님들은 그들을 찾아다녀야 했다. 실종이 된 줄 알았던 스피드와 패스트가 흙투성이의 모습으로 집에 돌아왔던 날의 기억은 두 집의 잊을 수 없는 추억이 되었다.

"스피드! 오늘 연습 안 해?"

"연습? 뭐 아직 일주일이나 남았는데 벌써 무슨 연습을 해?"

"너무 여유로운 거 아냐? 아직이라니? 일주일밖에 안 남았는데?"

"패스트! 넌 너무 조급한 거 같아! 설마 나한테 질까 봐 그러는 거야? 하하하."

"스피드!"

패스트의 표정은 약간 굳어졌다.

"농담이야. 난 오늘 집에서 쉬어야겠어. 봄이라 그런지 졸리네."

"그래, 너 잘났다. 난 연습할 테니까 넌 잠이나 자라! 쳇!"

패스트는 기분이 상해서 먼저 자리를 옮겼다. 스피드는 요즘 들어 부쩍 거만해졌다. 지난 대회에서 자신이 패스트를 제치고 그랑프리를 차지했던 것에 대한 자신감이 넘쳐흘렀다. 하지만 속마음은 또 그렇지는 않았다.

'좀 걱정은 되는데…… 큰소리를 쳐놨으니 경기장 가서 연습할 수도 없고! 그렇다고 일주일밖에 안 남았는데 연습을 안 할 수도 없고! 어떡하지?'

스피드는 한참을 고민하던 중 결심을 했다.

"도시 외곽으로 가면 연습할 만한 도로가 있을 거야……."

차를 가지러 가기 위해서 경기장으로 갔다. 패스트는 한창 연습에 열을 올리고 있었다.

'패스트…… 정말 열심이군. 좀 불안한데.'

스피드는 패스트가 보지 않게 몰래 조심스럽게 자동차에 올라탔다. 그리고 살금살금 빠져나왔다.

패스트는 변한 스피드 때문에 화가 났다.

'나쁜 녀석! 그랑프리 한 번 따더니 이제는 친구도 안 보인다 이거야? 대놓고 나를 무시하다니. 쳇!'

한 바퀴를 돌 때쯤 멀리서 스피드의 모습이 보였다.

"어라? 저 녀석이 여긴 왜 왔지? 집에 가서 잠이나 잔다고 하더니!"

패스트는 유심히 스피드의 움직임을 보았다. 마치 차 도둑처럼 몰래 빠져나가는 모습은 우습기 짝이 없었다.

"으이고, 저럴 거면서 왜 큰소리는 쳐? 어디 한번 따라가 볼까?"

스피드는 무사히 빠져나왔다는 생각에 안도의 한숨을 깊게 쉬고는 도시 외곽으로 향했다. 외곽도로는 예상대로 차가 거의 없었다.

'여기서 마음껏 속도를 낼 수 있겠어. 좋았어!'

연습을 막 시작하려하는데 순간 경음기 소리가 들렸다.

"빵~ 빵~"

'이런 한적한 곳에 누구야?'

스피드는 뒤를 돌아보았다.

'앗!'

패스트가 실실 웃으며 그에게 다가왔다.

"야! 여기가 집이냐? 잠이나 잔다더니 도둑고양이 마냥 차를 몰래 가지고 와서 외곽에서 연습이라도 하시려나? 참나……"

"야! 너 왜 남을 미행하고 난리야? 내가 뭘 하든 무슨 상관인데?"

"뭐? 너 말을 너무 막 한다?"

"쳇!"

스피드는 너무나도 뻔뻔한 태도를 보였다. 화가 난 패스트는 소리쳤다.

"너 정말 이런 식으로 할 거야? 좋아! 그렇다면 여기서 오늘 우리 둘이 대결하자!"

"뭐? 네가 내 상대가 되냐?"

"이 녀석이, 내가 열 살 때 무선 조종 자동차 경주에서 너의 더러운 승부욕을 알았지만 이렇게까지 될 줄은 몰랐다."

"뭐라고?"

"그때 네가 나 몰래 흙구덩이를 파놨잖아. 덕분에 내 자동차는 구덩이에 빠져서 못 나왔고, 네가 이긴 걸로 경기가 끝났지."

"무슨 소리야? 말도 안 돼!"

"그때는 이미 의형제까지 맺은 마당에 캐묻고 싶지 않았어. 하지만 이제는 안 되겠다. 우리는 이제 더 이상 의형제가 아니다."

"그래! 진작부터 너는 내 상대도 안 됐지. 그런데 의형제라니 말도 안 되지?"

두 사람의 사이는 급격히 악화되었고 결국 의형제까지 끊게 되었다.

"이렇게 된 마당에 어서 대결이나 하자!"

"좋아! 이번 경기에서 지면 세계 아마추어 선수권 대회 포기하는 걸로 하자!"

"그래! 나도 그걸 바라던 바야!"

서로 각자의 차로 돌아가 시동을 켰다. 그리고 준비 자세를 취하며 나란히 섰다. 스피드는 창문 밖으로 얼굴을 내밀며 말했다.

"5초 뒤 출발이야! 입구까지야!"

"그래, 반칙이나 하지 마라!"

5, 4, 3, 2, 1! 엄청난 속도를 내며 두 대의 자동차가 달리기 시작했다. 지나가던 마을 주민이 이 모습에 놀라 경찰에 신고를 했다. 경찰은 마을의 입구에서 그들이 도착하기를 기다렸다. 얼마 지나지 않아 두 대의 자동차는 급브레이크를 밟으며 거의 동시에 도착을 하였다.

"두 분 다 내리십시오!"

차문을 열자 기다리고 있던 경찰이 무서운 얼굴로 말했다.

"지금 제정신입니까? 평화로운 마을에 갑자기 들어와서 이런 무시무시한 속도로 달리다니! 그러다가 마을 사람들이라도 다치면 어쩌려고! 당신들 모두 과속으로 벌금을 내든지 아니면 경찰서로 갑시다!"

두 사람은 말없이 차에서 내렸다. 경찰은 순간 '아차' 싶었다. 왜냐하면 속도를 잴 수 없었기 때문이었다. 속도 측정기를 깜박하고 경찰서에 놓고 왔던 것이다.

"으흠, 일단 운전 면허증을 제시하시고, 각각 양심껏 얼마로 달렸는지 말하세요."

스피드는 경찰의 실수를 눈치 채고 운전 면허증을 꺼내며 말했다.

"100 정도?"

패스트도 주섬주섬 면허증을 내밀며 이야기했다.

"저도 그 정도로 달린 것 같은데……."

경찰은 거짓말을 하는 두 사람에게 버럭 화를 냈다.

"이 사람들이 지금 누구한테 거짓말이야? 100이라니? 내가 바본 줄 알아? 췟!"

순간 경찰의 눈에 스키드 자국이 보였다.

"그렇다면 스키드 자국으로 벌금을 물려야겠소!"

줄자를 꺼내어 길이를 재기 시작했다.

"음…… 스피드 씨는 10m고, 패스트 씨는 40m나 스키드 자국이 있군요. 그렇다면 벌금은…… 패스트 씨가 스키드 씨의 4배니까. 벌금도 4배로 내세요!"

"네?"

패스트 씨는 어리버리해 보이는 경찰의 엉터리 이야기를 듣자 화가 났다.

"말도 안 됩니다. 두 눈으로 보셨듯이 우리는 거의 동시에 들어왔어요! 근데 내가 스피드의 4배의 속도로 들어왔다니! 저는 4배의 벌금을 낼 수 없습니다."

경찰은 단호하게 말했다.

"내라면 내십시오!"

그러자 패스트 씨는 경찰에게 다가가 소리쳤다.

"내가 벌금을 안 내겠다는 것은 아닙니다. 하지만 내가 스피드의 4배의 속도로 달렸다는 것은 인정할 수 없고, 4배의 벌금을 내야 할 이유가 없습니다. 경찰관께서 계속 저에게 4배의 벌금을 내라고 한다면 나는 지금 당장 물리법정으로 가서 당신을 고소하겠습니다.”

“아하, 경찰을 고소하시겠다고요? 뭐, 마음대로 하십시오!”

패스트 씨는 곧장 물리법정으로 가서 경찰을 고소하였다.

외부의 다른 영향이 없다면 에너지는 보존되므로
운동 에너지가 모두 마찰력이 한 일로 바뀌게 됩니다.

스키드 자국이 네 배 길면 속도가
네 배 더 빨랐던 것일까요?
물리법정에서 알아봅시다.

 재판을 시작하겠습니다. 도로에서 과속하는 것은 아주 위험한 일입니다. 당연히 벌금을 내야겠군요. 그런데 두 사람의 벌금이 차이가 많이 나는군요. 어떻게 이런 결과가 나올 수 있는지 피고 측의 변론을 들어보겠습니다.

원고는 정해진 속도를 훨씬 넘어 과속을 한 사실을 인정했으며 목격자도 많이 있습니다. 경찰은 신고를 받고 급하게 달려가느라 속도 측정기를 가지고 오지 않았지만, 고속으로 달리던 자동차가 브레이크를 밟을 때 급하게 멈추느라 밀려가면서 바닥에 생긴 스키드 자국이 두 차가 어느 정도로 과속을 했는지 말해 주고 있었습니다. 스피드 씨는 10m, 패스트 씨는 40m의 스키드 자국이 있었고 패스트 씨가 스피드 씨보다 4배 빠른 속도로 달렸을 것이라고 짐작하여 4배의 벌금을 지불하도록 했습니다.

 스키드 자국이 속도가 어느 정도 빨랐는지를 말해 준다고 판단한 것은 이해가 갑니다만 자국의 길이가 속도와 어떤 관련이 있는 겁니까?

자동차를 멈추는 데 있어 더 많은 거리가 밀려갔다면 그만큼 자동차가 더 빨리 달렸다고 볼 수 있습니다. 따라서 원고는 자신의 잘못을 인정하고 벌금을 내야 합니다.

그럼 속도와 밀려간 거리가 비례한다는 말씀이군요. 피고 측의 변론에 대한 원고 측의 주장을 들어보겠습니다.

피고 측의 말은 억지입니다. 피고 측이 대충 짐작하여 하는 말을 인정할 수 없습니다. 저희는 과학적이고 객관적인 증거를 보이도록 하겠습니다. 한국과학학회 에너지 분야에서 최고의 명성을 날리고 있는 양파워 박사님을 증인으로 요청합니다.

증인 요청을 받아들이겠습니다.

양팔에 운동으로 다져진 단단한 알통이 보이는 40대의 남자가 민소매 차림의 옷을 입고 증인석에 앉았다.

스키드 자국으로 자동차의 속도를 짐작할 수 있습니까?

거의 정확하게 알 수 있습니다. 자동차의 에너지와 스키드 자국의 관계만 안다면 두 사람의 속도의 비를 알아내는 것은 간단합니다.

자동차의 에너지와 관련이 있습니까?

외부의 다른 영향이 없다면 에너지는 어디에서나 보존이 됩니다. 그러므로 자동차가 달릴 때의 운동 에너지가 멈출 때 공중

분해 되거나 사라진 것이 아니라 다른 에너지로 전환이 되었다는 겁니다.

 어떤 에너지로 전환이 된 것입니까?

 자동차가 달리다가 브레이크를 밟아 멈추면서 자동차의 운동 에너지는 나중에는 0이 되었습니다.

 에너지가 어디로 사라진 거죠?

 마찰력이 한 일로 바뀝니다. 즉 마찰력과 이동한 거리의 곱이 마찰력이 한 일이죠. 이때도 자동차가 같으면 마찰력이 같으므로 마찰력이 한 일은 이동한 거리, 즉 스키드 자국에 나타난 길이의 값에 의존하여 달라집니다.

 그럼 스키드 자국으로는 어떻게 속도비를 알 수 있습니까?

 운동 에너지가 모두 마찰력이 한 일로 바뀌었고 두 사람의 자동차는 레이싱 카로 거의 같은 질량과 마찰력을 가지므로 속도의 제곱의 양과 스키드 자국의 거리 값이 비례하게 됩니다.

 스피드 씨와 패스트 씨의 스키드 자국의 비는 1:4입니다. 이 값이 속도의 제곱의 비와 같기 때문에 실제 속도의 비는 1:2가 되겠군요.

 그렇습니다. 실제 속도는 4배가 아니라 2배인 것입니다.

 2배의 속도로 달리고도 4배의 과태료를 내야 했다니 원고가 피고의 말에 수긍하고 그대로 지불했다면 타격이 컸겠군요. 피고는 원고에게 2배의 과태료를 지불하도록 해야 합니다.

 운동 에너지가 마찰에 의한 일로 전환이 된다는 원리를 알고 나니 쉽게 해결이 되는군요. 원고는 동료의 속도보다 2배가 빨랐으므로 2배의 과태료를 지불하도록 하십시오. 과속은 절대로 해서는 안 되며 과속으로 이렇게 법정에 서는 것도 그리 좋은 일은 아닌 것 같습니다. 어쨌든 속도와 마찰에 의해 생긴 스키드 자국의 관계가 밝혀짐으로써 이번 사건이 쉽게 해결되었습니다. 이것으로 재판을 마치겠습니다.

재판이 끝난 후, 제대로 알지 못하고 4배나 더 많은 과태료를 부과시켰던 것에 대해 경찰은 패스트에게 사과를 했다. 그러나 결국 과속을 하게 된 스피드와 패스트는 과태료를 지불했고, 사건 이후 두 사람은 스피드만이 좋은 것이 아님을 알게 되고 다시 사이좋은 친구로 지냈다.

에너지는 물리적인 일을 할 수 있는 능력으로 크기는 물체가 할 수 있는 일의 양과 같다. 그러므로 에너지의 단위는 일의 단위인 줄(J)을 사용한다. 물체가 E라는 크기의 일을 할 수 있는 상태에 있을 때, 이 물체는 E라는 크기의 에너지를 가지고 있다고 말한다.

눈썰매장 벽이 너무 가깝잖아요?

왜 눈썰매장의 길이는
충분히 확보되어야만 할까요?

"아빠, 우리도 눈썰매장 가요."

동기는 아침에 눈을 뜨자마자 침대에서 자고 있는 아빠를 깨우며 말했다. 동기가 이러는 데에는 나름 이유가 있었다. 동기 아빠 왕바빠 씨는 동기가 깨기도 전에 항상 일찍 출근을 하고 늦게 퇴근을 하는 바람에 동기의 얼굴을 제대로 보는 날이 없었다. 겨울 방학을 맞이한 동기는 다른 친구들처럼 가족과 여행을 가고 싶었다. 마침 휴가를 받아 쉬고 있던 아빠를 발견한 동기는 아빠의 툭 튀어나온 배에 올라가 흔들어 깨우기 시작했다.

"아빠."

떼를 쓰고 있는 동기를 침대에서 내려놓으며 엄마가 말했다.

"동기야! 아빠 피곤하셔! 엄마랑 갔다 오자! 응?"

"싫어! 다른 애들은 아빠랑 스키장도 가는데…… 눈썰매도 못 타러 가?"

"너! 계속 떼쓰면 엄마도 눈썰매장 안 데리고 갈 거야!"

"엉엉, 엄마 미워!"

동기는 서럽게 울기 시작했다. 울음소리에 잠이 깬 왕바빠 씨는 눈을 비비며 일어났다.

"아침부터 왜 이렇게 시끄러워?"

"아빠, 눈썰매. 엉엉……."

"여보! 신경 쓰지 말고 더 자요! 제가 데리고 다녀올게요!"

"싫어! 나 아빠랑 가고 싶어!"

왕바빠 씨는 평소에 너무 바빠서 아들에게 신경을 쓰지 못했던 것이 내심 미안했던 터라 동기를 달래 주었다.

"그래! 우리 아들! 아빠랑 눈썰매 타러 가자!"

"여보, 피곤한데 그냥 쉬세요."

"아냐! 나도 아빠 노릇을 해야지! 동기야! 가자!"

"우아, 아빠! 최고!"

동기는 두터운 겨울 점퍼를 입고 아빠의 손을 잡고 눈썰매장으로 갔다. 집에서부터 잡은 손은 놓지 않았다.

"동기야, 아빠랑 나오니까 좋아?"

"응! 너무너무 좋아! 나 이따가 어묵도 먹을 거야! 사진도 많이 찍어서 애들한테 자랑할 거야!"

"그래."

왕바빠 씨는 아들의 좋아하는 모습을 보자 덩달아 기분이 좋아졌다. 겨울 방학이라 그런지 눈썰매장에는 사람들이 매우 많았다. 입장 티켓을 사는 데만 해도 30분이 넘게 걸렸다.

"이야, 전국에 있는 사람들이 다 여기로 모였나? 무슨 사람이 이렇게 많아? 휴."

바빠 씨는 한참을 줄 서있는 것이 피곤했는지 눈이 반쯤 감긴 상태에서 꾸벅꾸벅 졸며 서 있었다.

"왕동기!"

"어라? 너 자랑이 아니야?"

동기의 친구 자랑이도 가족들과 함께 눈썰매장에 놀러 왔다.

"안녕하세요? 오…… 동기 네가 웬일로 집에 안 있고 여기까지 왔어?"

자랑이는 비꼬듯이 말했다.

"어, 어. 그래! 우리 동기 친구구나. 아저씨는 동기 아빠야!"

"저도 아빠랑 둘이 왔어요."

"그래, 동기랑 사이좋게 지내렴."

자랑이는 볼이 통통한 아이였다. 인사를 하고 다시 조금 앞에 서

있던 줄로 갔다. 동기는 아빠와 놀러 온 것을 항상 가족끼리 놀러 다닌다며 자랑하던 자랑이가 봤다는 것이 마냥 기뻤다.

"히히히."

"왜 그렇게 웃니?"

"그냥 아빠랑 놀러 와서 너무 좋아!"

왕바빠 씨는 방긋 웃는 아들의 얼굴을 보고 한 시간째 줄을 서 있다는 지루함을 잊었다.

'앞으로도 시간이 나면 우리 동기랑 가까운 데라도 놀러 다녀야겠어.'

안전 요원들도 정신없이 바빴다. 안전 요원 나안전 씨는 눈썰매장이 사람으로 가득하자 사장에게 올라갔다.

"사장님! 더 이상의 사람을 들어오게 하는 것은 위험합니다. 이미 수용 인원이 꽉 차서 더 입장을 시켰다가는 안전사고가 일어날지도 모릅니다."

"그럼, 온 사람들을 그냥 돌려보내라는 거야? 겨울에만 하는 눈썰매장인데…… 그럼 하나 더 개설해!"

"하지만…… 그곳은 아직 개장하기에는 좀 무리가 있습니다. 공간도 좁고, 공사 중이라서."

"당장 개장하라면 할 것이지! 왜 이렇게 말이 많아?"

"그러다가 사고라도 나면……."

"사고라니? 조심하면 될 거 아냐? 안전 요원은 잠자고 있나? 사고 예방하려고 고용한 건데. 그리고 거기도 엄연히 눈썰매장으로 쓸 곳이야!"

"사장님, 하지만 아직 공간이 너무 좁아서……."

"시끄러워! 여기 사장은 나라고! 내가 시키는 대로 하란 말이야! 어서 개장해!"

결국 안전 요원 나안전 씨는 문제가 있는 눈썰매장을 개장하였다.

"자, 여러분 B눈썰매장의 수용 인원이 꽉 찬 관계로 C눈썰매장을 개장할 것입니다. 두 줄로 질서 있게 서서 입장해 주시기 바랍니다."

밖에서 덜덜 떨며 기다리던 사람들이 우르르 몰려 들어왔다. 동기와 왕바빠 씨도 신이 나서 눈썰매장 안으로 들어갔다.

"와, 드디어 입장!"

"그래, 근데 무슨 눈썰매장이 이렇게 작아? 오늘 처음 개장 했나 보네."

새로 개장된 눈썰매장의 규모는 매우 작았다. 동기는 이미 아빠 손을 놓고 썰매를 가지고 올라갔다.

"아빠! 나 먼저 탈게!"

"동기야! 동기야! 조심히 타거라!"

"응, 아빠도 빨리 와!"

동기는 썰매를 탈 생각에 신이 나 아빠의 말은 들리지도 않았다. 왕바빠 씨는 사람들이 너무 많아 올라갈 엄두가 안 났다.

'내 엉덩이 붙일 곳도 없겠구먼!'

조금 이따가 탈 생각으로 스낵 코너의 의자에 앉아 어묵을 먹으며 아들을 지켜보았다.

"역시 눈썰매장 어묵이 맛있단 말이야, 하하하."

그때였다. 안전 요원의 목소리가 스피커를 통하여 눈썰매장 안에 울려 퍼졌다.

"이 눈썰매장은 예비용으로 개장한 것이니 조심해서 타시기 바랍니다. 특히 아이들은 보호자 분들께서 특별히 신경을 써 주시기 바랍니다. 아이를 혼자 태우시면 안 됩니다. 반드시 보호자와 함께 타십시오. 자…… 잠시 후에 제가 호루라기를 불면 모두 내려와 주십시오."

썰매를 타기 위해 올라간 사람들은 썰매에 엉덩이를 붙이고 탈 준비를 취하였다. 왕바빠 씨는 조금 불안하기 시작했다. 어린 아들을 혼자 올려 보낸 것이 계속 찜찜했다. 그제야 부랴부랴 아들을 찾아 올라갔다.

"동기야!"

"아빠!"

"아빠랑 같이 타자."

왕바빠 씨는 동기를 다리 사이에 앉히고 탈 준비를 했다. 그리고 안전 요원이 호루라기를 불자 일제히 내려오기 시작했다.

"우아!"

동기는 볼이 벌겋게 얼은 채로 신이나 소리를 지르며 내려왔다.

그러나 잠시 후 엄청난 일이 일어났다.

"쾅!"

"으악!"

썰매를 타고 내려오던 사람들은 모두 벽에 부딪히고 말았다. 눈썰매장은 순식간에 아수라장을 변했다. 왕바빠 씨는 다리를 다쳤다. 하지만 아들이 떠올랐고, 정신없이 아들 동기를 찾았다.

"동기야!"

"아빠!"

다행히 동기는 크게 다치지 않았다. 간단한 타박상 정도밖에 없었다. 하지만 아이가 크게 다칠 뻔했다는 생각을 하니 등골이 오싹했다. 화가 잔뜩 난 왕바빠 씨는 눈썰매장의 사장실로 갔다.

"이봐! 공사도 다 끝나지 않은 눈썰매장을 개장하다니! 당신 때문에 사람들이 다쳤다고!"

"그게 왜 제 탓입니까? 사람들이 부주의한걸 가지고……."

"뭐라고요?"

"조심히 타셨어야죠!"

"당신 정말 안 되겠구먼. 당장 이 눈썰매장을 물리법정에 고소하겠어!"

왕바빠 씨는 동기를 데리고 물리법정으로 갔다. 그리고 며칠 뒤 눈썰매장의 사장은 사고 당시 눈썰매장에 있었던 사람들의 고소로 물리법정에 섰다.

눈썰매장과 스키장 같이 높은 곳에서 빠른 속도로
아래로 내려오는 경우 위치 에너지가
운동 에너지로 전환되면서 빠른 속도를 가지게 됩니다.

눈썰매장 아래의 길이가 짧으면 위험한가요?

물리법정에서 알아봅시다.

재판을 시작하겠습니다. 눈썰매장에서 크게 다칠 뻔한 사건이 있었다고 하는군요. 어떻게 된 사건인지 누구의 잘못으로 인한 일이었는지 알아봅시다. 피고 측 변론하십시오.

겨울철에 스키장이나 눈썰매장은 많은 사람들이 모이게 되고 복잡해집니다. 피고도 사람들의 편의를 위해 눈썰매장을 하나 더 개장한 것인데 눈썰매를 탈 때 조심해야 하는 건 썰매를 즐기는 고객들의 몫 아닌가요? 따라서 고객의 부주의로 다친 것을 피고한테 책임을 지라는 것은 받아들이기 힘듭니다.

들어보니 피고 측 주장에도 이유가 있군요. 그런데 안전이 확보된 상태이긴 한가요?

물론입니다. 안전 요원들이 충분히 배치되어 있었고, 조심해서 눈썰매를 타도록 방송을 통해 계속 알려드렸습니다.

이쯤에서 원고의 입장을 들어봐야겠군요. 원고 측은 눈썰매를 타던 사람들이 다친 원인이 어디에 있다고 봅니까?

안전 요원을 배치하고 안전을 위한 방송을 수차례 했더라도 눈썰매장 자체가 안전을 전혀 보장하지 못하도록 되어 있다면 무슨 소용이 있습니까? 눈썰매장은 아직 공사가 진행되고 있었고 좁아서 굉장히 위험했습니다. 사고가 날 수밖에 없는 상태였음을 증인을 통해 확인시켜 드리겠습니다. 과학대학교에서 역학물리를 가르치는 나굴러 교수님을 증인으로 요청합니다.

증인 요청을 받아들이겠습니다.

서커스 단원처럼 훌쩍훌쩍 굴러서 들어오는 40대 후반으로 보이는 남성은 한 바퀴씩 재주를 돌 때마다 시계를 쳐다보면서 자신의 회전 속도를 측정하며 증인석으로 나왔다.

굴러서 이동하는 것이 취미인가 봅니다. 하하하. 눈썰매장에서 눈썰매를 타고 미끄러져 내려올 경우, 어떤 때 가장 위험하다고 할 수 있습니까?

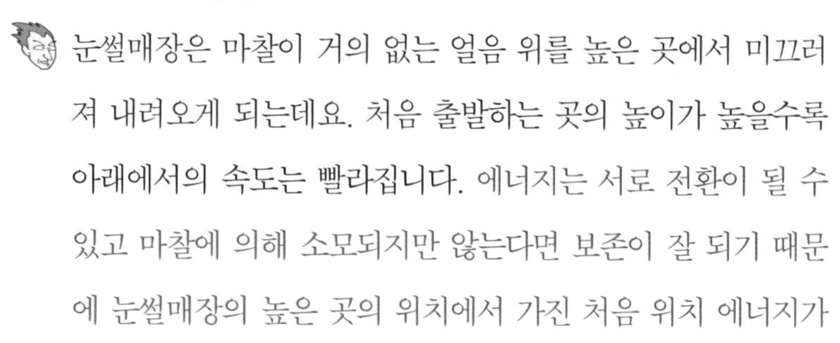
눈썰매장은 마찰이 거의 없는 얼음 위를 높은 곳에서 미끄러져 내려오게 되는데요. 처음 출발하는 곳의 높이가 높을수록 아래에서의 속도는 빨라집니다. 에너지는 서로 전환이 될 수 있고 마찰에 의해 소모되지만 않는다면 보존이 잘 되기 때문에 눈썰매장의 높은 곳의 위치에서 가진 처음 위치 에너지가

아래에서는 운동 에너지로 전환이 되는 것입니다. 높은 곳에서 아래까지 내려온 사람들은 굉장히 빠른 속도를 가지게 되는데 눈썰매장 아래쪽의 길이가 어느 정도 이상 길면 마찰에 의해 속도가 줄어들고 충돌이 일어나지 않습니다.

눈썰매장의 아래 길이가 짧으면 내려온 사람들의 속도가 줄어들기 전에 벽에 부딪히게 된다는 말씀이군요.

그렇습니다. 눈썰매를 타고 내려온 어린이가 속도가 줄어들지 않은 상황에서 벽과 부딪히고 그 충격을 어린이가 모두 받게 되면 당연히 크게 다치게 됩니다. 이런 경우 엄청난 곡예를 하면서 목숨을 운에 맡기는 상황이라고 표현하고 싶군요.

생각만 해도 아찔하군요. 그런 엄청난 상황에서 눈썰매를 타도록 개장한 눈썰매장 사장은 모든 책임을 인정하고 어린이들의 치료비와 정신적 충격에 대해 보상할 것을 요구합니다.

눈썰매장의 공사를 마치지도 않고 개장하여 이렇게 큰 분란을 유발시킨 사장은 자신의 잘못에 대해 인정하고 원고 측의 요구 사항을 들어주도록 하십시오. 아이들이 많이 다치지 않은 것을 다행으로 생각하고 앞으로는 눈썰매장의 안전 검사를 철저히 받은 후 운영하도록 해야 할 것입니다.

재판이 끝난 후, 눈썰매장은 공사를 다시 시작했다. 보상을 받았지만 왕바빠 씨는 자신과 함께하는 시간을 또 놓치게 되어 상처를 많이 받은 동기에게 미안해져서 아무리 바빠도 일주일에 한 번씩은 동기와 함께 나들이를 가겠다고 다짐했다.

마찰력은 두 물체의 접촉면에서 물체의 운동을 방해하는 힘을 말한다. 접촉하는 면의 거친 정도에 따라 마찰력이 달라지며 물체의 무게가 무거울수록 마찰력은 크다.

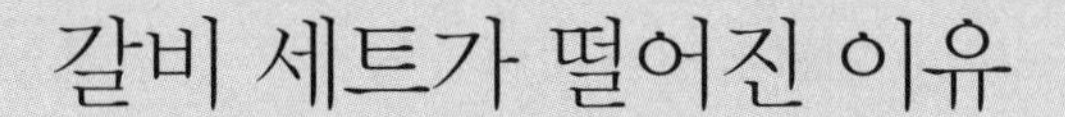

갈비 세트가 떨어진 이유

잘 포개 놓은 갈비 세트가 세팅 테이블 아래로
순식간에 떨어진 이유는 무엇일까요?

소 농장에서 소를 키우는 김한우 씨는 이번에 거금을 들여서 시내에 큰 갈비 세트 판매점을 오픈하였다. 자신이 키우는 소였기에 누구보다 품질에 자신이 있었고 최근 과학공화국에서는 선물용으로 갈비 세트가 인기를 끌고 있어서 김한우 씨는 모든 재산을 투자해 이 사업을 시작한 것이었다. 그는 시내 근처의 큰 아파트 단지의 목 좋은 자리도 이미 봐 두었었다. 자신의 가게가 세워질 자리를 살펴보며 그가 흐뭇하게 말했다.

“이제는 건물 공사와 실내 인테리어만 하면 정말 내 가게가 생기는 거로군. 이렇게 와서 보니깐 이제 실감이 나는데, 하하하."

이렇게 그는 하루하루 가게가 지어지는 모습을 보며 기쁨을 감추지 못했다. 하지만 그가 아무리 좋은 고기를 써도 사람들이 알지 못하면 그만이었다. 김한우 씨는 고민에 빠졌다. 보통 정육점과는 무엇인가 다른 차별을 주어야 한다고 생각했다. 그때 문득 가게의 모습을 아예 색다르게 바꾸어 보자는 생각이 불현듯 머리를 스쳤다. 일반 백화점처럼 갈비 세트가 전시되어 있다면 차별성이 없을 것이므로 그는 고급스러운 인테리어로 손님들로 하여금 갈비 세트가 최상급임을 알려 주어야겠다는 생각이 든 것이다. 그래서 일부러 유명한 디자이너에게 실내 장식을 부탁하기 위해 가게로 초대했다.

"반갑습니다. 저는 인테리어 디자이너 이름난이라고 합니다. 저에게 꼭 가게 인테리어를 부탁하신다고 하셨던……."

작은 체구에 프릴이 잔뜩 달린 옷을 입은 남자가 느끼한 목소리로 말했다.

"어이구, 반갑습니다. 이렇게 유명하신 분이 저희 가게의 인테리어를 해 주신다니 제가 감사드립니다."

김한우 씨는 꾸벅 인사를 하고는 디자이너를 안내했다. 디자이너는 도도한 표정으로 이곳저곳을 둘러보더니 짜증 섞인 말투로 말했다.

"엉망, 엉망, 다 엉망이야!"

김씨는 움찔하며 뒤로 물러섰다. 디자이너는 손수건을 꺼내 이마를 닦으며 말했다.

"이곳은 정말 새로운 인테리어가 필요한 곳이군요. 좋아요. 제가 이곳을 최고의 갈비 세트 판매점으로 만들어 드리겠어요."

그러자 김한우 씨의 얼굴이 다시 환해졌다.

"감사합니다. 디자이너님!"

그리고 공사가 다시 시작되었다. 일주일 후 가게가 개업하면서 김씨는 가게의 모습에 벌어진 입을 다물 수가 없었다. 천장에는 거대한 샹들리에가 돌아가고 있었으며 가게 중앙에는 작은 분수대까지 설치되어 있었다. 그리고 사방의 벽에는 금장식을 한 여러 개의 테이블이 있었는데 이 테이블은 차가운 온도를 유지할 수 있어 갈비 세트를 올려놓으면 갈비의 신선도가 유지되는 특수한 테이블이었다. 김한우 씨의 가게는 갈비 세트 판매점이 아니라 마치 고급 레스토랑 같은 고급스러움이 물씬 풍겨져 나오고 있었다. 입구의 문에도 금장 장식이 온통 둘러져 있고 손잡이는 특이하게 문 중앙에 고리처럼 달려 있었다.

"어떻습니까? 이 정도면 고급스럽다 할 수 있겠지요?"

연신 이마의 땀을 조심스레 닦으며 이름난 디자이너가 말했다.

"고급스럽다마다요. 이게 제가 원하던 꿈의 갈비 세트 판매점입니다. 정말 고맙습니다. 고맙습니다!"

김한우 씨는 연신 디자이너에게 꾸벅이며 인사를 하였다. 가게는 마치 갈비 세트 판매점이 아니라 패밀리 레스토랑 같은 고급스러움을 풍기며 사람들의 이목을 집중시켰다. 곧이어 오픈과 함께 수많은 손님들이 몰려오기 시작했다. 몇몇 손님들은 갈비 세트 판매점이 아닌 줄 알고 들어오기도 하는 해프닝이 벌어졌다. 하지만 대부분의 손님들이 가게의 인테리어와 함께 직육면체의 상자에 잘 포장된 갈비 세트의 디자인에 충분히 만족하며 가게를 나섰다. 김한우 씨는 눈코 뜰 새 없이 바삐 움직였다. 진열된 갈비 세트들은 테이블에 쌓아두기만 하면 금방 팔리는 식이었다. 김한우 씨는 테이블에 갈비 세트가 비어 있지 않도록 빨리빨리 창고에서 가져오라고 종업원들을 다그쳤다. 김한우 씨는 이 테이블 저 테이블을 돌아다니다가 가장 안쪽 테이블에 갈비 세트가 놓여 있지 않은 모습을 보고는 담당자인 나느려 씨에게 호통을 쳤다.

"왜 이 테이블엔 갈비 세트가 없는 겁니까? 빨리빨리 서둘러요. 지금 갈비를 찾는 사람이 줄을 섰잖아요?"

나느려 씨는 창고로 가서 무거운 갈비 세트를 한꺼번에 들고 와 테이블에 올려놓았다. 그런데 갈비 세트를 테이블에 완전히 놓이지 못하고 5분의 3정도만 걸쳐진 상태였다. 그래도 갈비 세트는 테이블에서 떨어지지 않았다. 나느려 씨는 두 번째 갈비 세트를 가지고 와 같은 방법으로 테이블에 5분의 3쯤만 걸쳐지게 놓았다. 이렇게 놓으면 갈비 세트를 더 빨리 놓을 수 있기 때문이었다. 나느려 씨는 갈비 세트가 테이블에 모두 놓여 있는 것도 모르고 창고에서 또 하나의 갈비 세트를 가지고 왔다.

"이런 이건 어디에 놓지?"

나느려 씨는 갈비 세트를 놓을 곳이 없어 망설이다가 갑자기 갈비 세트 하나를 이미 깔려 있는 갈비 세트 위에 포개 놓았다. 물론 5분의 3정도만 걸쳐지게. 그런데 이것이 바로 대형 사고를 가지고 왔다. 갈비 세트를 이층으로 쌓아 놓고 돌아서는 순간 갈비 세트가 빙그르 돌면서 아래로 떨어지더니 마침 테이블 아래를 아장아장 걸어 다니고 있던 아기의 머리에 부딪쳐 아기가 부상을 당한 것이었다. 이 사고로 화가 잔뜩 난 아기의 엄마는 나느려 씨를 물리법정에 고소했다.

물체를 놓을 때에는 무게 중심을 고려해야 합니다.

갈비 세트가 떨어진 이유는 뭘까요?
물리법정에서 알아봅시다.

자 모두들 자리에 앉으세요. 재판을 시작합니다. 먼저 피고 측 변론하세요.

존경하는 재판장님. 갈비 세트는 직육면체의 상자로 되어 있고 무게가 꽤 나가는 것으로 알고 있습니다. 그러므로 아이들이 갈비 세트에 부딪치지 않도록 어른이 잘 보호했어야 합니다. 그러므로 갈비 세트가 떨어진 것을 가지고 나느려 씨의 탓으로만 돌리는 것은 문제가 있다고 생각합니다. 위험한 곳 근처에 아이들이 가지 못하게 하는 것이 보호자의 의무이니까요.

원고 측 변론하세요.

저희 측에서는 회전연구소의 박회전 박사를 증인으로 요청합니다.

좋습니다. 증인 올라오세요.

발레리나처럼 쫄쫄이 타이즈를 입은 남자가 뱅글뱅글 돌아가며 증인석으로 올라왔다.

 증인이 하는 일은 뭐죠?

 무게중심과 회전 사이의 관계에 대한 연구를 주로 하고 있습니다.

 이번 사건도 무게중심과 관계있나요?

 그렇습니다. 테이블 위에서 갈비 세트가 떨어지지 않는 것은 갈비 세트의 무게와 테이블 바닥을 받치는 힘인 수직 항력이 크기는 같고 방향은 반대가 되어 두 힘이 평형을 이루기 때문입니다. 처음에 나느려 씨가 갈비 세트를 5분의 3만 걸쳐 놓았을 때 떨어지지 않은 이유는 전체 길이의 2분이 1이 되는 위치에 있는 갈비 세트의 무게중심이 테이블 위에 놓였기 때문에 수직 항력이 작용하여 두 힘이 평형을 이루었기 때문이지요.

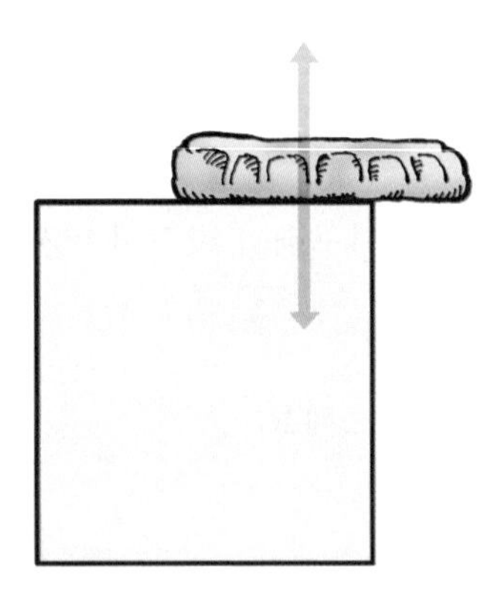

 그림을 보니까 이해가 가는 군요. 그럼 그 위에 두 번째 갈비 세트를 올려놓았을 때 떨어진 이유는 뭐죠?

 역시 그림을 보시죠.

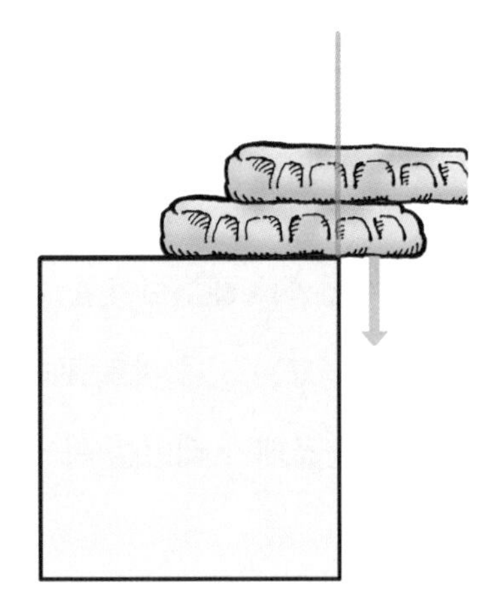

 두 번째 갈비 세트를 첫 번째 갈비 세트 위에 5분의 3만 걸쳐 놓으면 두 갈비 세트의 무게중심이 테이블 밖에 위치하게 됩니다. 그러므로 무게의 방향은 아래 방향인데 무게중심이 테이블 밖에 있으므로 갈비 세트는 수직 항력을 받지 못하게 됩니다. 그러면 갈비 세트에는 위 그림처럼 무게만이 작용하여 테이블의 한쪽 끝을 회전의 중심으로 하는 회전력이 생겨 빙그르르 돌면서 결국 바닥에 떨어지는 거죠.

 그런 일이 생기는 군요. 그러니까 두 개의 물체를 이런 식으로 겹쳐 쌓아두는 것은 위험한 행동이군요. 그렇죠? 판사님.

 판결합니다. 물건을 빨리 전시해 많이 파는 것도 중요하지만 손님들의 안전을 먼저 생각해야 합니다. 그러므로 갈비 세트를 테이블 위에 올릴 때에는 갈비 세트가 수직 항력을 받아

테이블에서 평형상태를 유지할 수 있도록 올려놓았어야 할 것입니다. 그러므로 이번 사건을 나느려 씨의 잘못으로 인정합니다.

재판이 끝난 후 나느려 씨는 해고되었고, 물리학의 평형에 대한 공부를 더욱 열심히 했다. 그는 지금 비료 포대를 쌓는 창고에서 일하고 있는데 지금은 비료 포대가 테이블 위에서 평형을 유지할 수 있도록 쌓고 있다.

무게중심

물체의 모든 무게가 한 점에 있는 것처럼 행동하는 지점을 말하며 무게중심을 받치면 물체는 수평 상태를 유지한다. 물체가 균일한 물질로 이루어져 있다면 물체의 무게중심은 물체의 대칭의 중심이 된다.

비탈에선 굴러라

비탈면을 내려오는 데 미끄러져 내려오는 것과
굴러서 내려오는 것의 차이는 무엇일까요?

동건이는 일요일 오후 텔레비전 앞에서 오락 프로그램을 보고 있었다.

"동건아! 너 그렇게 하루 종일 텔레비전만 볼 거니? 숙제 없어?"

엄마는 그런 아들을 보며 나무라기 시작했다. 하지만 동건이는 꼼짝도 하지 않고 브라운관에서 눈을 떼지 않았다.

"정동건! 엄마한테 정말 혼날래? 이 녀석이……"

아무런 대답이 없자 화가 난 엄마는 거실로 가 텔레비전의 전원을 껐다.

"으~앙."

"울어도 소용없어! 엄마가 몇 번이나 말했는데 계속 바보상자나 보고!"

"이거 하나만 더 보고 안 볼게요. 엄마."

몸을 흔들어대며 동건이는 보채기 시작했다. 동건이는 한 번 떼를 쓰기 시작하면 아무도 못 말리는 고집불통이었다.

"안 돼!"

하지만 이번만큼은 버릇을 고쳐줘야겠다고 생각한 엄마도 만만치 않았다.

'따르릉!'

텔레비전 옆에 있는 전화기가 울렸다.

"너 방에 들어가서 공부해! 어서!"

"치……."

"이 녀석이!"

'따르릉!'

전화 벨소리는 그치지 않고 엄마를 재촉하고 있었다.

"여보세요."

"동건 엄마! 나 은비 엄마야!"

"무슨 일이야?"

"오늘 백화점 세일 마지막 날이잖아! 같이 안 갈래?"

"어머! 정말? 알았어. 금방 나갈게."

동건이 엄마는 전화를 끊고 부리나케 밖으로 나갔다. 이 기회를 놓칠 동건이가 아니었다.

"히히히."

엄마가 대문을 나서는 것을 확인하고 다시 텔레비전을 켰다. 일요일 저녁에는 동건이가 가장 좋아하는 프로그램을 한다.

"시청자 여러분 안녕하십니까. 오늘 저희 '생방송 Y맨'에서는 최고의 스타 분들만을 모시고 흥미진진한 '비탈 미끄럼 타기 대회'를 하겠습니다. 먼저 출연자분을 모셔볼까요? 최고의 아이돌 그룹입니다. 럭셔리 보이즈!"

인기 사회자 우재석 씨는 요란하게 출연자들을 소개했다.

"으하하하."

동건이는 뭐가 그리도 좋은지 배꼽을 잡고 깔깔거리며 웃어댔다.

"안녕하세요. 우리는 럭셔리 보이즈입니다."

럭셔리 보이즈는 현재 최고의 아이돌 그룹이었다. 20살 동갑내기인 4명의 꽃미남이 노래도 잘하고, 춤도 잘 춰서 실력파 가수로 정평이 나 있었다. 동건이의 여자 친구 나영이도 럭셔리 보이즈의 팬이었다.

"칫! 하나도 안 멋있네."

괜한 질투도 해보았다.

"우리 럭셔리 보이즈 여러분! 정말 잘들 생기셨어요. 아주 그냥 넷이 서 있으니까 바로 화보 같네요. 하하하! 다음은 미녀 그룹 프리티 걸즈입니다."

"안녕하세요. 저희는 S라인의 몸매에 얼굴도 예쁜 프리티 걸즈입니다. 오늘 최선을 다해서 꼭 1등을 차지하겠습니다. 아자 아자 파이팅!"

프리티 걸즈는 3명으로 이루어진 여성 그룹으로 하나같이 예뻤다. 하지만 모두 노래를 못하고 항상 립싱크만 하는 비디오형 가수였다.

"우리 프리티 걸즈 너무 아름다우시다! 하하하. 다음 출연자는 지금까지의 분위기와 사뭇 다른 개그 오인방입니다."

개그 오인방은 개그맨 5명으로 이루어진 그룹이다. 다섯 명의 외모는 모두 개성이 강하고 독특했다.

'따르릉!'

한창 텔레비전에 푹 빠져 있는데 전화벨이 울렸다.

'아이, 누구야!'

"여보세요."

"동건이. 너 지금 텔레비전 보는 거 아니겠지?"

엄마였다. 동건이는 잽싸게 텔레비전의 음량을 0으로 돌렸다.

"아니에요. 텔레비전 안 봐요."

"엄마 금방 들어갈 거니까 좋은 말로 할 때 방에 들어가서 공부해라! 알았지?"

"알았어요."

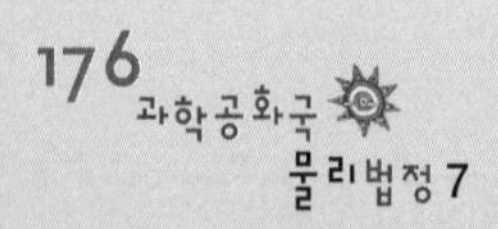

"뚜우우……."

동건이는 다시 텔레비전의 볼륨을 높였다. 이미 출연자들의 소개가 끝이 나 있었다.

"에이! 엄마 전화 때문에 못 봤잖아."

"자! 여러분 지금부터 비탈 미끄럼 타기 대회를 시작하겠습니다. 먼저 럭셔리 보이즈의 리더인 미남 주니와 개그 오인방의 리더인 추남 민이 씨의 경기부터 시작해 보도록 하겠습니다. 두 분 나와 주세요!"

미남 주니는 럭셔리 보이즈 중에서도 가장 잘생긴 멤버였다. 반면 추남 민이는 개그 오인방 중 가장 느끼하고도 희한하게 생긴 멤버였다.

"아! 어쩜 이렇게도 비교가 됩니까? 아주 다르네요. 같은 지구인이 맞습니까? 하하하."

추남 민이는 웃으며 말했다.

"사실 제가 우리 과학공화국의 표준 얼굴이지 않습니까? 미남 주니군이 비정상이죠! 하하하! 난 민이라고 해."

방청객들은 경악을 금치 못했다. 사회자 우재석 씨는 혀를 내둘렀다.

"우리 추남 민이 씨는 외모뿐만 아니라 생각 자체가 아주 독특하세요. 하하하. 그럼 본격적으로 경기를 시작해 볼까요? 두 분 미끄럼 탈 자세로 앉아주세요."

미남 주니와 추남 민이는 비탈의 꼭대기에 엉덩이를 대고 앉았다.

"자, 각오 한마디씩 부탁합니다. 먼저 미남 주니군!"

미남 주니는 살인미소를 지으며 말했다.

"최선을 다해서 경기에 임하겠습니다. 파이팅!"

"우와……."

출연자와 방청객들은 그의 살인 미소에 쓰러질 지경이었다. 다음은 추남 민이가 살인적인 얼굴로 말했다.

"사실 이런 미끄럼은 무게가 있어야 빠르게 내려가는 거죠! 저의 무게를 믿습니다. 아자!"

"우……."

"자 그럼! 두 분 모두 준비가 되신 거 같은데 하나, 둘, 셋 하면 출발하도록 하겠습니다. 하나, 둘, 셋!"

두 사람은 빠른 속도로 출발했다. 그런데 추남 민이가 갑자기 데굴데굴 구르기 시작했다.

"아! 지금 추남 민이 씨가 구르기 시작했습니다. 엄청난 속도로 내려오는데요?"

결국 추남 민이가 결승지점을 먼저 통과했다.

"추남 민이 씨! 정말 대단하십니다. 하하하."

"뭐 별거 아닙니다. 머리를 써야죠! 하하하."

"아무튼 이번 경기는 추남 민이 씨의 우승입니다. 축하드려요!"

동건이는 순간 이상한 점을 발견했다.

‘비탈 미끄럼 타기 대회잖아. 근데 왜 굴렀지? 그럼 반칙 아닌가?’

이를 이상하게 여긴 동건이는 방송국에 전화를 했다.

“여보세요.”

“저는 시청자인데요. 저기 지금 하고 있는 ‘생방송 Y맨’ 이요! 방금 전에 미남 주니랑 추남 민이의 경기에서 판정이 잘못된 것 같아요. 분명 미끄럼 타기 대회인데……. 추남 민이는 굴러서 내려왔으니까 반칙 아닌가요?”

“어떻게든 내려오면 되는 거죠. 학생! 또 다른 문의 사항 없죠? 그럼 이만.”

“뚜우우…….”

전화를 받은 직원은 귀찮다는 듯이 전화를 끊었다. 동건이는 물리법정으로 가서 이번 일을 고소하기로 했다. 다음날 동건이는 고소장을 제출했고 이번 일은 언론에 크게 보도되었다.

‘생방송 Y맨, 비탈 미끄럼 타기 대회! 판정 오류라는 시청자의 고소’ 라는 기사가 스포츠 연예신문의 1면을 장식했다.

미끄러져 내려오는 사람은 굴러서 내려오는 사람에 비해 바닥과의 마찰이 많기 때문에 속도가 느립니다.

미끄러져 내려오는 것과 굴러서 내려오는 것은 어떤 경우가 더 빠를까요?
물리법정에서 알아봅시다.

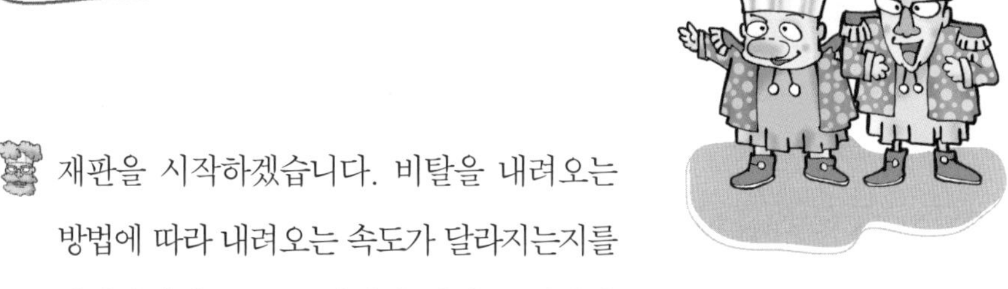

재판을 시작하겠습니다. 비탈을 내려오는 방법에 따라 내려오는 속도가 달라지는지를 알아내야겠군요. 물리적인 원리를 알아야 설명이 가능한데 피고 측의 물치 변호사가 이번에는 설명이 가능할지 염려되는군요. 피고 측 변론하십시오.

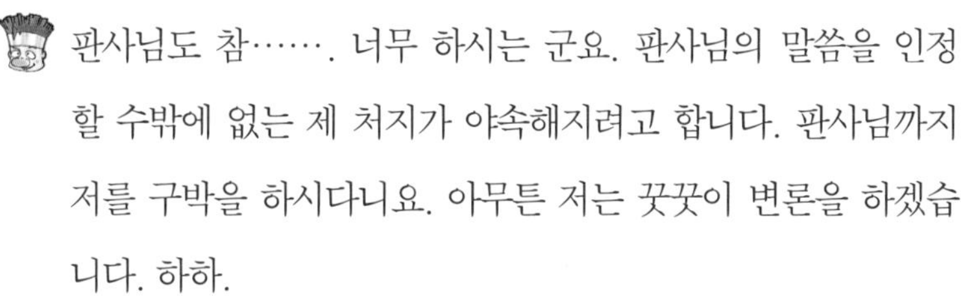

판사님도 참……. 너무 하시는 군요. 판사님의 말씀을 인정할 수밖에 없는 제 처지가 야속해지려고 합니다. 판사님까지 저를 구박을 하시다니요. 아무튼 저는 꿋꿋이 변론을 하겠습니다. 하하.

물치 변호사를 구박한 것은 아니고……. 미안해지는 군요. 긍정적인 물치 변호사가 보기는 좋습니다. 하하하. 너무 섭섭해 하지 말고 변론하십시오.

이번에도 저는 물리 개념을 적용하지 않겠습니다. 비탈면을 내려오는 방법은 비탈면을 내려오는 데 아무런 영향도 주지 않기 때문에 누가 빨리 내려오는가는 내려오는 사람마다의 요령이나 노하우로 결정되는 것입니다.

비탈면을 내려오는 방법과 속도는 아무 관계가 없다는 말씀이군요. 원고 측의 주장은 어떤지 들어보겠습니다. 원고 측 변론하십시오.

 물리를 전혀 모르는 것은 일상생활에서 일어나는 역학적 운동들에 대해 이해할 능력이 없는 것입니다. 물치 변호사는 자신의 짐작만으로 변론하고 있기 때문에 전혀 근거가 없습니다. 비탈면을 내려오는 방법 중에서 미끄러져 내려오는 것과 굴러서 내려오는 것은 큰 차이가 있습니다.

 물리적 원리가 들어가면 객관적으로 설명이 가능하겠군요.

 당연합니다. 어떤 차이가 있는지 명확하게 확인시켜 주실 증인을 모셨습니다. 증인은 역학운동학회의 한힘해 회장님이십니다.

 증인요청을 받아들이겠습니다.

50이 넘은 나이에도 팔뚝의 굵은 근육들이 드러나는 헬스 복을 입고 나타난 남성은 운동하던 그대로 온 듯 이마에 굵은 땀방울이 맺혀 있었다.

 비탈면을 내려오는 데 미끄러지는 것과 굴러서 내려오는 것에는 어떤 차이가 있습니까?

 먼저 바닥과 비탈면 사이의 각과 높이가 같은 비탈면이라면 처음 높이에서 두 사람이 가진 위치 에너지는 동일합니다. 에너지는 보존되기 때문에 위치 에너지가 바닥까지 내려오면 운

동 에너지로 모두 전환이 되어 두 사람이 가진 운동 에너지도 동일하게 됩니다.

그럼 같은 속도를 가진다는 겁니까?

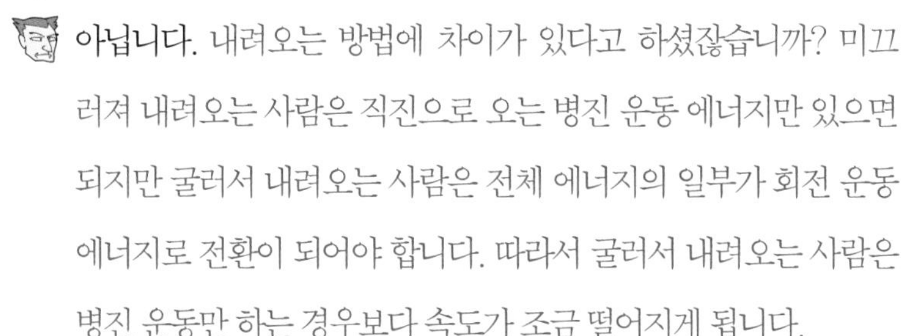
아닙니다. 내려오는 방법에 차이가 있다고 하셨잖습니까? 미끄러져 내려오는 사람은 직진으로 오는 병진 운동 에너지만 있으면 되지만 굴러서 내려오는 사람은 전체 에너지의 일부가 회전 운동 에너지로 전환이 되어야 합니다. 따라서 굴러서 내려오는 사람은 병진 운동만 하는 경우보다 속도가 조금 떨어지게 됩니다.

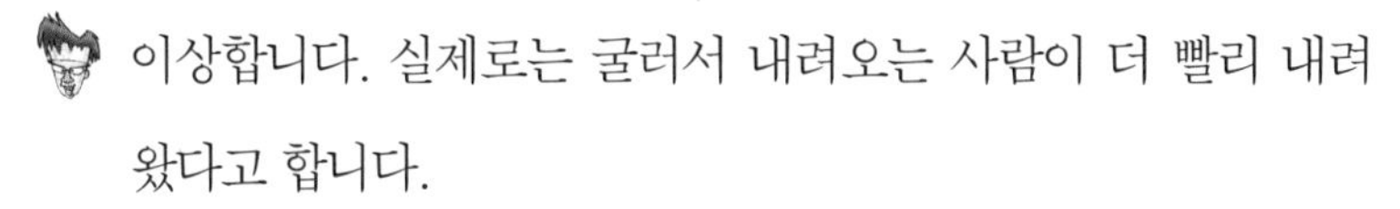
이상합니다. 실제로는 굴러서 내려오는 사람이 더 빨리 내려왔다고 합니다.

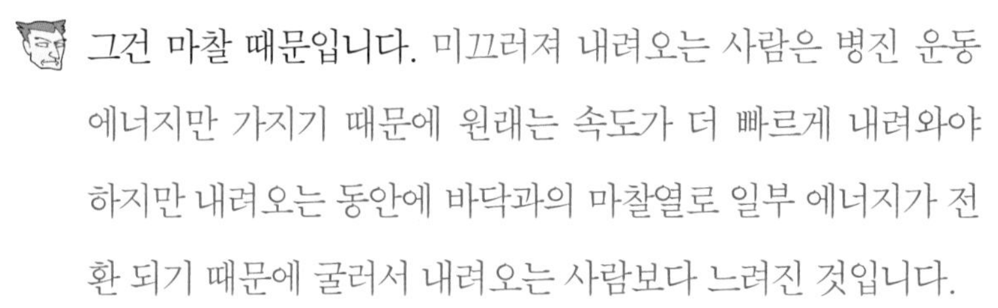
그건 마찰 때문입니다. 미끄러져 내려오는 사람은 병진 운동 에너지만 가지기 때문에 원래는 속도가 더 빠르게 내려와야 하지만 내려오는 동안에 바닥과의 마찰열로 일부 에너지가 전환 되기 때문에 굴러서 내려오는 사람보다 느려진 것입니다.

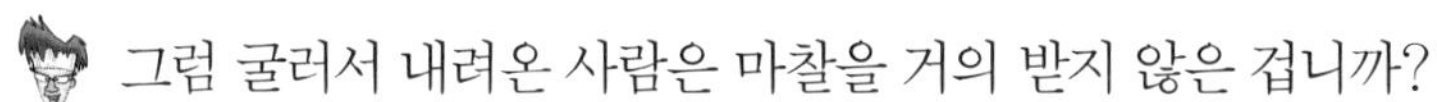
그럼 굴러서 내려온 사람은 마찰을 거의 받지 않은 겁니까?

굴러서 내려오는 사람은 바닥과 거의 부딪히지 않거나 적게 부딪히기 때문에 마찰열로 전환되는 양이 적습니다. 그러므로 두 사람이 동일한 방법으로 내려와야지 정당한 경기가 될 수 있습니다.

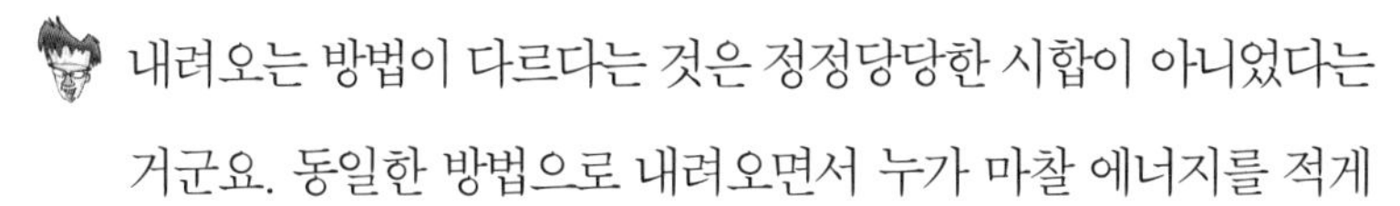
내려오는 방법이 다르다는 것은 정정당당한 시합이 아니었다는 거군요. 동일한 방법으로 내려오면서 누가 마찰 에너지를 적게

소비하고 내려오는지에 따라 승부가 갈리는 경기였다고 보이는군요. 오락 프로그램 녹화를 다시 해야 하겠습니다. 하하.

 같은 비탈면이라 해도 내려오는 방법에 따라 속도가 달라진다는 것을 알았으니 다음부터는 경기 규정을 정할 때 이러한 정보가 중요하게 작용하겠습니다. 오락 프로그램은 승부를 가리는 의미보다는 시청자의 흥미를 위한 것이기 때문에 이번 경우를 경험삼아 좋은 정보를 얻었다고 생각하고 만족하는 것이 좋겠습니다. 원고는 단순한 일도 쉽게 넘기지 않고 호기심을 가지고 관찰하고 문제를 제기하는 태도가 아주 좋습니다. 앞으로 더욱 열심히 공부하여 좋은 물리학도가 되길 바랍니다.

재판이 끝난 후, 매일 그냥 TV에 빠져있는 줄만 알았던 정동건이 과학에도 재능이 있는 것을 알게 된 동건이의 엄마는 더 이상 동건이가 TV를 보는 것에 대해 야단치지 않았다. 그러자 동건이도 TV를 보지 않을 때는 스스로 공부도 하고 과학책도 읽게 되어 말 잘 듣는 아들이 되었다.

마찰은 물체와 바닥과의 충돌현상이다. 이때 마찰력은 역학적 에너지 보존 법칙을 만족하지 않는다. 그러므로 역학적 에너지를 감소시키는 역할을 하는데 이 감소된 에너지만큼 열이나 소리와 같은 다른 종류의 에너지가 마찰을 통해서 발생한다. 이렇게 마찰에 의해서 발생하는 열에너지를 마찰열이라고 한다.

야구 배트의 길이와 안타

왜 배트를 잡는 위치에 따라 배트에 맞은 공이
날아가는 거리가 다를까요?

야구선수 이승업 씨는 세계적으로 유명한 홈런왕이다. 그의 경기를 관람하는 것은 야구를 사랑하는 팬들에게는 최고의 행운이었다. 오늘은 한국에서 세계 야구 대회 결승전이 열리는 날이다. 이승업 선수가 나온다는 소식에 수많은 야구팬들이 경기장을 가득 메웠다.

"아. 이승업 선수의 인기가 얼마나 대단한지 한 눈에 알 수 있습니다. 야구 경기가 시작된 이래로 이 잠실야구장이 이렇게 붐비는 것은 처음입니다. 정말 장관입니다. 감격의 눈물이 펑펑 흐릅니다. 평소에도 야구 경기장이 이렇게 꽉 찬다면 얼마나 좋겠습니까? 이승엽 선수가 매일매일 출전한다면 가능하겠죠? 하하하."

야구 해설 위원인 허일성 씨는 흥분된 어조로 말했다. 이승업 선수의 팬 카페 회원들은 준비해온 플래카드와 빨간 풍선을 열광적으로 흔들기 시작했다.

"이승업! 이승업! 승업 없인 못 살아! 정말 못 살아! 아자! 아자! 파이팅!"

그에게는 유난히도 여성 팬들이 많았다. 사실 그의 외모는 웬만한 남자 연예인들 못지않게 뛰어났다. 남자답게 살짝 그을린 구릿빛 피부, 오뚝한 콧날에 짙은 숯검댕이 눈썹, 살짝 들어간 보조개와 귀여운 눈웃음! 누가 그를 운동선수라 부르겠는가! 또한 그는 말솜씨 또한 훌륭하였다. 그야말로 팔방미남이었다. 27살에 세계적인 홈런왕이라는 타이틀은 그를 설명하기에는 역부족이었다.

"꺄아악! 이승업이다."

이승업 선수가 몸을 풀기 위해 그라운드로 나왔다. 관중석은 들썩거리기 시작했다. 각국의 카메라들도 플래시를 터뜨리느라 정신이 없었다. 이승업 선수는 익숙한 듯이 카메라를 의식하지 않고 몸을 풀었다.

'아이. 귀찮아. 이놈의 인기는 식을 줄을 몰라요.'

가끔 팬들을 향하여 그만의 살인미소를 날려주었다.

"어머! 봤어? 이승업 오빠가 나보고 웃었어!"

"야! 나보고 웃은 거야! 호호호."

여자 팬들은 그의 미소에 실신하기 직전이었다.

"승업아!"

감독은 이승업 선수를 벤치로 불러들였다. 이승업 선수는 팬들을 향해 손을 흔들고 벤치로 달려갔다.

"네, 감독님!"

"오늘 컨디션 좋아 보이는 구나! 하하하! 오늘도 거침없이 홈런! 알지?"

"아…… 근데…… 저 이번에는 안타왕이 되고 싶습니다."

"뭐? 홈런왕이 홈런을 쳐야지! 웬 안타왕?"

"홈런왕 타이틀은 이제 지겨워요. 안타왕 하겠습니다. 이번 경기만 지켜봐주세요. 하하하."

"안 돼! 이번 경기는 반드시 이겨야해! 알겠어? 결승전이라고! 결승전! 상대팀이 만만한 팀도 아니고 안타로는 힘들어! 무조건 홈런이야! 알았어?"

"싫습니다."

이승업 선수는 감독과의 말을 채 마치기도 전에 자리에서 일어났다. 사실 완벽 미남 이승업 선수의 단점은 바로 거만함이었다. 홈런왕의 자리에 오른 뒤 그의 거만함은 하늘을 찌를 듯 보였다. 물론 그를 사랑하는 팬들의 입장에서는 그것마저도 도도함으로 비춰져 매력으로 다가오겠지만 감독이나 코치의 입장에서는 건방진 선수일 뿐이었다. 감독은 일어서는 이승업 선수의 오른팔을 잡았다.

"이승엽! 나 분명히 말했다. 이번 경기는 중요해! 네가 하고 싶은 대로 장난칠 경기가 아니야! 안타왕은 다음 경기에 하도록 하고 오늘은 홈런을 쳐야해! 알았어? 상대는 미국이라고! 네가 얕볼 상대가 아니란 말이야!"

"죄송합니다. 저는 제 타율을 올리는 것에 집중하겠습니다. 그럼 이만."

이승엽 선수는 다시 그라운드로 나가 몸을 풀었다. 감독은 그의 행동에 화가 났지만 최고의 선수이기에 함부로 할 수도 없는 노릇이었다. 드디어 경기가 시작되었다. 상대 팀은 미국이었다. 미국은 쉬운 상대가 아니었다. 감독은 왠지 모르게 불길한 느낌이 들었다.

"이승엽!"

"……."

이승엽 선수는 감독의 말을 들은 체도 하지 않았다. 하지만 감독은 소리쳤다.

"배트를 길게 잡아서 치도록 해!"

"……."

'건방진 녀석! 아무리 스타 선수이기는 하지만 도저히 참을 수 없어! 이번 경기만 끝나면 가만 두지 않겠어! 내가 그만 두든가. 저 녀석을 그만두게 하든가 해야지! 쳇!'

감독은 어쩔 수 없이 자리에 앉았다. 양 팀의 선수들이 입장했다.

"와~."

경기장 안은 응원 열기로 후끈 달아올랐다. 이승엽 선수의 팬들은 목이 터져라 응원하기 시작했다.

"꽃미남! 이승엽! 홈런왕! 파이팅! 와~."

상대팀의 선수들도 이승엽의 모습을 보자 조금씩 위축되기 시작했다.

'이승엽이다.'

'홈런 조심하자!'

미국 선수들은 서로 눈짓으로 사인을 보내기 시작했다.

"자! 여러분 드디어 경기가 시작되었습니다. 우리의 이승엽 선수! 바라만 보아도 너무 든든합니다. 정말 잘 생겼어요! 남자가 봐도 반할 만합니다. 아주 훌륭해요! 오우~ 첫 타석에 이승엽 선수가 들어섰습니다. 빛이 납니다. 빛이!"

허일성 씨는 허둥지둥 정신없이 중계를 하기 시작했다. 마치 이승엽 선수의 팬클럽 회장인 듯 그에 대한 감탄사만을 연신 내뱉었다.

이승엽 선수가 타석에 올랐다. 긴 다리와 쭉 뻗은 몸매! 마치 광고의 한 장면 같았다.

"이야! 완전 정동건 저리가라다!"

"완전 소중한 남자야! 꺅!"

그는 팬들을 의식한 듯이 멋지게 폼을 잡으며 배트를 최대한 짧게 잡고 준비 자세를 취하였다.

'이런. 길게 잡으라고 그렇게 말했는데…….'

감독은 자신의 말을 듣지 않는 이승엽 선수가 너무 괘씸했다.

"이승엽! 배트!"

손을 동그랗게 모아서 있는 힘껏 소리를 쳤지만 이승엽 선수는 바라만 볼 뿐 자세를 고치지 않았다.

"야! 이승엽! 배트 길게!"

'홈런왕인 나한테 왜 자꾸 명령이야? 칫! 나는 내 마음대로 칠 거란 말이야!'

그는 소리를 치며 발을 동동 구르는 감독의 모습을 보며 보란 듯이 배트를 더욱 짧게 잡았다. 감독 역시 아랑곳하지 않고 연거푸 소리를 질러댔다. 하지만 이승엽 선수는 웃기만 할 뿐 점점 더 배트를 짧게 쥐었다.

"이! 승! 엽!"

화가 머리끝까지 난 감독은 경기 중인 그라운드로 들어와 이승엽 선수에게 다가갔다.

"내 말이 안 들려?"

"들립니다."

"근데 왜 배트를 짧게 잡아?"

"제 마음입니다. 경기 중에 그라운드로 나오시면 어떡합니까? 감독님은 상식도 없으십니까? 경기 방해하지 마시고 빨리 자리로 돌아가 주십시오."

"이 녀석. 너! 인기 좀 있다고 이렇게 시건방을 떨어?"

"제 일은 제가 알아서 합니다. 이제 감독님 말은 필요 없습니다."

당당한 그의 말투와 행동에 감독은 혀를 내둘렀다.

"이승업! 난 네 감독이야! 네가 이런 식으로 내 명령에 반항한다면 너를 물리법정에 고소하겠어! 어서 야구 배트 길게 잡아!"

"고소? 쳇! 고소라면 100번도 더 하셔도 됩니다."

결국 감독은 경기가 끝난 후, 물리법정에 이승업 선수를 고소하기에 이르렀다.

토크는 물체에 주어지는 힘과 회전의 중심까지 거리의 곱으로 나타냅니다.

배트를 짧게 잡으면 스윙이 빨라질까요?
물리법정에서 알아봅시다.

재판을 시작하겠습니다. 야구계의 왕자라고 불릴 정도로 대단한 이승업 선수가 감독의 눈 밖에 났군요. 홈런을 치기 위해서 배트를 길게 잡아야 하는 이유는 무엇이며 피고는 왜 배트를 길게 잡지 않았는지 피고 측 변론을 들어보도록 하겠습니다.

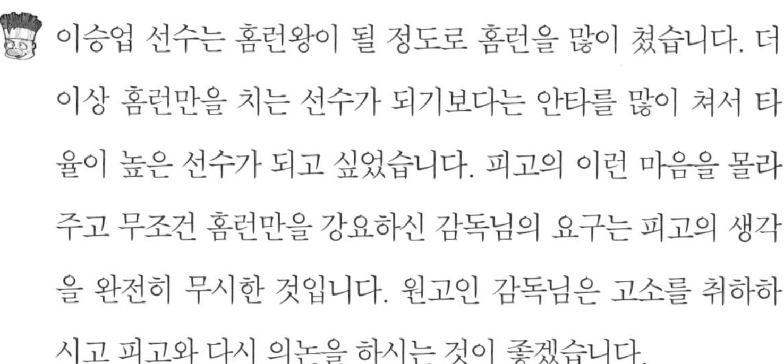

이승업 선수는 홈런왕이 될 정도로 홈런을 많이 쳤습니다. 더 이상 홈런만을 치는 선수가 되기보다는 안타를 많이 쳐서 타율이 높은 선수가 되고 싶었습니다. 피고의 이런 마음을 몰라주고 무조건 홈런만을 강요하신 감독님의 요구는 피고의 생각을 완전히 무시한 것입니다. 원고인 감독님은 고소를 취하하시고 피고와 다시 의논을 하시는 것이 좋겠습니다.

감독님이 이승업 선수의 마음을 몰라주신 걸까요? 이번 경기는 결승전이었기 때문에 다른 경기보다 더욱 중요하게 생각하신 겁니다. 다음 경기 때부터 타율을 올리도록 하자는 말씀을 뒤로하고 자신의 고집을 세운 피고도 잘못이 있는 것 아닐까요?

서로 잘못이 있는 거로군요. 배트를 짧게 잡는 건 공을 치는 선수 마음 아닐까요? 길게 잡으나 짧게 잡으나 홈런이 나오면 되잖아요.

피고 측 변호사는 굳이 배트를 길게 잡지 않아도 홈런을 칠 수 있다는 말씀입니까? 그러면 원고는 왜 피고에게 배트를 길게 잡을 것을 강요했을까요?

배트를 길게 잡는 것이 홈런을 쳤을 때 더 멋있어 보이기 때문 아닐까요? 스포츠 신문 1면에 멋진 폼으로 나가면 좋잖아요. 하하하.

아이쿠. 물치 변호사의 말을 더 들으면 저까지 이상해지겠습니다. 그 이유는 원고 측의 변론을 듣는 것이 좋겠군요. 원고 측 변론하세요.

홈런은 공이 멀리 날아가서 관중석까지 넘어가는 것을 말합니다. 홈런이 되기 위해서는 어떠한 조건들이 있어야 하는지 세계물리학회의 마강타 회장님을 증인으로 모시고 말씀 들어보도록 하겠습니다. 증인을 신청합니다.

증인요청을 받아들이겠습니다.

한눈에 보아도 건장한 체격에 진지한 표정을 가진 50대 후반의 남성이 깔끔한 정장 차림으로 증인석에 앉았다.

회장님께서 야구의 원리를 과학적으로 풀어주셨으면 합니다. 어떻게 하면 홈런이 될 수 있습니까?

홈런이 되려면 배트를 맞은 공이 큰 운동량을 가져야 합니다. 운동량이란 질량과 속도를 곱한 양을 말하는데 타자에게 오는 공을 반대 방향으로 받아 친다는 것은 공을 완전히 반대 방향으로 날아가게 하는 것이므로 운동량의 변화량이 엄청나게 큽니다. 이렇게 운동량을 변화시키려면 그만큼 큰 힘이 필요한데 배트를 길게 잡으면 공이 배트에 맞는 위치와 힘을 주는 손목 사이의 간격이 길어지고 따라서 토크라고 부르는 회전력이 커지게 됩니다.

배트를 짧게 잡으면 홈런을 만들어 내지 못합니까?

물론 전혀 불가능하다고 말할 수는 없습니다. 토크는 물체에 주어지는 힘과 회전의 중심까지 거리의 곱으로 나타내는데 회전의 중심까지의 거리가 짧아지면 물체에 주는 힘을 더 크게 하면 되니까요. 홈런을 칠 때 회전중심까지의 거리가 짧을 경우 사람이 공을 치는 힘은 엄청나게 커져야 하는데 아무리 운동하는 사람이라고 해도 홈런을 칠 만큼의 엄청난 힘을 만들어 내는 것은 아주 힘들다고 봅니다.

이해가 됩니다. 판사님 판결 부탁드립니다.

판결합니다. 홈런을 치기 위해서는 배트를 길게 잡아야 하는데 배트를 짧게 잡은 피고를 보고 감독은 흥분 할 수밖에 없었

겠군요. 게다가 원고가 계속해서 부탁하고 타이르는데도 원고의 마음을 헤아리지 못하고 자기 고집대로 타율만을 생각한 피고에게 감독이 화가 나는 것은 당연합니다. 야구 선수는 팀을 위해서 감독과 코치 아래에서 그들을 존중하고 서로 의논을 하고 결정을 내려야 할 의무가 있습니다. 감독과 코치를 무시하는 선수는 팀 내에서 함께 생활하는 것 자체가 힘들어집니다. 피고가 다시 좋은 선수가 되기 위해서는 자신의 잘못을 반성하고 팀과 감독을 존중할 자세를 갖추어야 할 것입니다.

재판이 끝난 후, 잘한다는 이유로 겸손하지 못했던 자신을 반성한 이승업은 한동안 훈련에만 열심히 임했다. 열심히 하는 것을 보고 이승업을 용서 한 감독은 이승업을 다시 경기에 출전시켰고, 사건이 있은 후부터 이승업은 항상 배트를 길게 잡고 공을 쳤다.

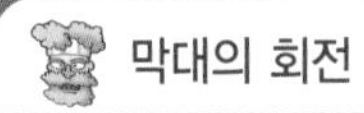

막대의 회전

막대는 근사적으로 일차원 물체로 생각할 수 있다. 이때 같은 질량을 가진 경우 막대가 길수록 회전관성이 커져서 회전이 잘 이루어지지 않는다. 그러므로 같은 토크가 작용해도 짧은 막대가 긴 막대보다 잘 회전하는 성질이 있다.

안유연 양의 원통 쇼

안유연 양이 회전하는 원통에서
오래 붙어 있을 수는 없었을까요?

안유연 양은 국가 대표 체조 선수이다. 다섯 살 때부터 체조를 한 안유연은 체조계의 천재로 불리며 스무 살이 된 지금까지 5년째 국가대표 체조 선수로 활동했다. 얼굴도 예쁘고 말도 잘해서 각종 텔레비전 쇼 프로그램과 광고에도 출연하였다.

"유연아! 좀 더 유연하게 해야지! 딴 생각하지 말고! 집중해!"

유연의 코치인 강코치는 스파르타식의 맹훈련을 시키는 코치로 유명했다. 사실상 강코치 덕분에 유연이가 국가대표가 되었다고 해도 과언이 아니다. 체조 경기가 있는 시기에는 매일같이 연습에 매진해야만 했다.

"코치님. 제발 그만 뭐라 하세요. 난 스타라고요."

"뭐? 이게 점점……. 넌 체조 선수야! 연예인이 아니라고!"

이미 팬클럽을 거느릴 정도로 인기가 많은 유연이는 더 이상 코치의 말이 귀에 들리지 않았다.

"오늘 연습은 여기까지 하죠. 오늘은 방송 출연이 있어 더 이상 연습은 곤란해요. 내일 두 배로 열심히 하면 되잖아요!"

"이 녀석! 너 이번 대회에서 우승 못하면 혼날 줄 알아! 어휴…… 방송에 물들어서 연습은 뒷전이구만."

유연이는 코치를 뒤로하고 방송국으로 향했다. 방송국 앞에는 수많은 팬들이 모여 있었다.

"유연 언니. 너무 예뻐요!"

"운동도 최고! 얼굴도 최고! 너무 좋아!"

유연이는 팬들에게 예쁘게 보이기 위해 살짝 웃음을 머금었다.

'역시 나의 인기는…… 호호호.'

프로그램 녹화 장에는 최고의 인기 연예인들이 앉아 있었다. 그 중에는 유연이의 자리도 있었다.

"유연 씨. 다음 달에 대회 있지 않아요?"

유연을 눈엣가시로 보고 있던 탤런트 왕공주 씨는 톡 쏘듯 말했다.

"네."

"근데 연습은 안 하나 봐요? 그렇게 자신 있어요?"

옆에 앉아있던 가수 강지훈 씨가 유연의 옆 자리에 앉으며 말했다.

"우리 유연 씨는 연습 많이 안 해도 당연히 금메달이지. 체조의 여왕이잖아요. 그렇죠? 유연 씨"

남자 연예인들 사이에서도 유연은 인기가 많았다. 귀여운 말투에 몸매도 예쁘고, 얼굴까지 아름다워 남자라면 누구나 호감을 가졌다. 그런 유연이 왕공주는 마음에 들지 않았다.

'쳇! 체조 선수면 연습이나 할 것이지 왜 방송은 하고 난리야! 마음에 안 들어! 저렇게 연습은 안 하고 방송에나 나오다가 경기 때 망신이나 실컷 당해라! 호호호.'

잠시 후 녹화가 시작되었다. 이번 오락 프로그램은 인기 연예인들에게 미션을 수행하게 하는 프로그램이었다.

"자. 오늘도 역시 최고의 스타 분들만 모셨습니다. 특히 체조의 여왕 안유연 양이, 아니죠. 이제 20살이니까 유연 씨라고 해야 하나요? 하하하. 아름다운 체조 선수 안유연 씨가 나와 주셨습니다. 정말 눈이 부십니다. 와우!"

사회자 우재석의 요란한 소개로 유연은 수줍은 듯 등장했다. 그 자리에 있던 남자 스타들은 환호성을 질렀다.

"안녕하세요. 안유연입니다."

"우리 유연 씨. 다음 달에 체조대회가 있으신데도 불구하고 저희 프로그램에 자리를 빛내주셨어요. 감사합니다. 그럼 오늘의 미션입니다. 오늘의 미션은 빙글빙글 도는 원통에 몸을 붙이고 도는 것입니다. 세계에서 몸이 가장 유연한 안유연 씨라면 이 미션을 성공할 거라고 생각합니다. 자 잠시 후 안유연 양이 옷을 갈아입고 원통에 몸을 붙이고 도는 묘기를 보일 것입니다."

사회자의 말이 끝나고 안유연 양은 초대 가수의 공연이 진행되는 동안 옷을 갈아입기 위해 분장실로 들어갔다. 방송국 코디가 그녀에게 추천한 옷은 부직포처럼 거친 면으로 이루어진 원시인 옷이었다. 안유연 양은 옷을 입고 거울을 들여다보고는 괴성을 질렀다.

"으악! 괴물이잖아? 이런 옷을 입으면 나의 S라인이 드러나지 않잖아요?"

안유연 양은 코디의 만류에도 불구하고 노출이 심하고 매끄러운 면을 가진 원피스의 체조복을 입었다. 그리고는 가수의 공연이 끝나자 성큼 성큼 무대로 등장했다.

안유연 양은 사회자를 따라 무대에 설치된 높이가 3미터 쯤 되어 보이는 거대한 원통 안으로 들어갔다. 그리고는 진행자의 도움으로 원통의 꼭대기로 올라가 원통 면에 몸을 붙였다. 원통이 천천히 돌기 시작했다. 하지만 안유연 양의 발에는 발받침대가 있어 원통이 돌아도 떨어지지 않았다. 그러나 잠시 후 원통이 좀 더 빨리 돌면서 발받침대가 안으로 들어가 사라지자 안유연 양은 원통에 붙어 있지 못하고 바닥으로 추락했다. 그리 높지 않아 다치지는 않았지만 그동안 체조경기에서 한 번도 실수를 한 적이 없는 안유연 양의 추락 모습은 우스꽝스러웠다.

"안유연 양이 원통에 붙어 돌기 미션에 실패했습니다. 다음 주에는 다른 출연자를 모셔서 이 미션에 다시 도전하겠습니다."

우재석의 엔딩 멘트로 방송이 끝났다. 방송이 끝난 후 네티즌들은 안유연 양이 원통에서 미끄러져 떨어질 때 놀라는 표정을 캡쳐하여 우스꽝스런 캡쳐 모음 사이트에 올렸고 이 사진으로 안유연 양은 안티 팬들이 많이 생기게 되었다.

그러자 안유연 양은 방송국에서 도저히 인간이 할 수 없는 미션을 시켜 자신의 인기를 추락시켰다며 방송국을 물리법정에 고소했다.

회전하는 물체에 오래 붙어 있기 위해서는 접촉하는 면의 마찰력이 클수록 유리합니다.

안유연 양이 회전하는 원통에서 미끄러진 이유는 뭘까요?

물리법정에서 알아봅시다.

 재판을 시작합니다. 먼저 원고 측 변론하세요.

 안유연 양이 스파이더맨입니까? 어떻게 발받침대 없이 원통 벽에 붙었을 수 있습니까? 이것은 방송국 측에서 안유연 양을 시샘하는 제작진이 일부러 원통이 돌 때 발받침대가 사라지게 만든 것입니다. 그러므로 방송국은 훼손된 안유연 양의 이미지를 위해 손해를 배상해야 할 것입니다.

 피고 측 변론하세요.

 회전원통 쇼 기획자인 도라바 씨를 증인으로 요청합니다.

몸이 원통처럼 생긴 30대 남자가 증인석으로 들어왔다.

 이번 쇼를 기획했지요?

 네 그렇습니다.

 사람이 원통 벽에 붙어 도는 것이 가능한가요?

그렇습니다. 안유연 양이 코디의 말대로 부직포로 된 옷을 입

었다면 가능합니다.

옷과 무슨 관계가 있지요?

원통에 붙어서 돌기 위해서는 구심력이 필요합니다. 그 구심력은 바로 원통 면이 안유연 양을 받치는 수직항력이 되지요. 그 힘은 항상 원통의 중심을 향합니다. 그러므로 통이 돌아갈 때 떨어지지 않으려면 안유연 양의 마찰력이 안유연 양의 무게와 평형을 이루어야 합니다. 이때 마찰력은 안유연 양의 옷과 관련이 있는데 체조복처럼 매끄러운 면으로 되어 있는 옷은 무게를 견딜 만큼 큰 마찰력을 줄 수 없습니다. 그래서 방송국에서는 마찰력을 크게 하기 위해 거친 옷감으로 된 옷을 준비했던 것이지요. 안유연 양이 이 옷을 입었다면 원통이 회전하는 동안 마찰력과 무게가 평형을 이루어 아래로 떨어지지 않고 바닥이 안유연 양을 받치는 수직항력이 구심력이 되어 아름다운 회전을 했을 것입니다.

그렇군요. 결국 멋 부리다가 당한 셈이군요. 그렇죠? 판사님.

동의합니다. 멋을 부리는 것도 좋지만 시청자들에게 아름다운 쇼를 보여주는 것도 중요하다고 생각합니다. 그러므로 이번 사건은 안유연 양이 마찰력을 크게 할 수 있는 옷을 입지 않아 발생한 사건이므로 방송국의 책임은 없다고 판결합니다.

재판 후 안유연 양의 홈피에는 악플이 많이 올라왔다. 안유연 양

은 홈피를 통해 팬들에게 사과를 하고 한 주 후 방송국에서 준비한 원시인 옷을 입고 원통에 붙어서 도는 묘기를 깔끔하게 선보였다.

구심력

물체가 원운동을 하는 데 필요한 힘을 말한다. 구심력은 물체의 질량에 비례하고 원운동 속도의 제곱에 비례하며 원운동의 반지름에 반비례한다.

과학성적 끌어올리기

운동 에너지

물체가 운동을 하고 있다는 것은 속도가 0이 아니라는 것이다. 이렇게 어떤 속도 v로 운동하는 질량 m인 물체가 가지는 에너지를 운동 에너지라고 한다.

● 운동 에너지 $= \mathrm{T} = \frac{1}{2}mv^2$

우선 이 공식을 살펴보자.

정지해 있는 물체의 속도 v는 0이므로 운동 에너지는 0이다. 이 식을 보면 운동 에너지는 속도의 제곱에 비례하므로 물체가 0이 아닌 속도로 움직이고 있으면 항상 운동 에너지는 양수가 된다는 것을 알 수 있다. 즉 $\mathrm{T} \geqq 0$이다.

또한 같은 속도로 움직이는 물체에 대해서는 질량이 클수록 운동 에너지가 크다는 것을 알 수 있다.

이번에는 운동 에너지와 일과의 관계를 살펴보자. 처음 속도가 v_1이던 질량 m인 자동차가 일정한 가속도 a로 가속되어 거리 s만큼을 움직인 후 속도가 v_2가 되었다고 하자.

자동차가 등가속도 운동을 하므로 $v_2^2 - v_1^2 = 2as$ ①

가 성립한다. 이때 물체에 작용하는 힘은 $F = ma$이고 물체의 이동 거리가 s이므로 힘 F가 한 일 W는 다음과 같다.

$W = Fs = mas$ ②

①을 ②에 대입하면

$W = m \times \frac{1}{2}(v_2^2 - v_1^2) = \frac{1}{2}mv_2^2 - \frac{1}{2}mv_1^2$

가 되어 힘 F가 한 일은 운동 에너지의 차이가 된다.

운동 에너지를 T라고 쓰고 변화량을 나타내는 Δ (델타)를 사용하면

$W = \Delta T$

가 된다.

위치 에너지

높은 곳에 있는 물체는 낮은 곳에 있는 물체보다 큰 에너지를 갖는데 이렇게 높이에 의해 물체가 가지는 에너지를 위치 에너지라고 한다.

못을 절반쯤 박은 나무판이 있다. 여기에 돌멩이를 10cm 높이에서 못을 향해 떨어뜨리자.

못이 들어갔죠. 이것은 10cm 위에 있는 돌멩이가 가진 위치 에너지가 일을 했기 때문이다. 이때 물체를 내려오게 하는 힘은 중력

과학성적 끌어올리기

이니까 이 에너지를 중력에 의한 위치 에너지라고 부른다. 이때 더 높은 곳에서 돌멩이를 떨어뜨리면 못이 더 깊이 박히면서 더 큰 일을 한다. 높은 곳에 있으면 위치 에너지가 더 크기 때문이다.

일반적으로 질량이 m인 물체가 바닥으로부터 높이 s인 위치에 있을 때 바닥을 위치 에너지의 기준으로 택하면 그 지점에서의 위치 에너지 V는 다음과 같이 된다.

$$V = mgs$$

이때 일과 위치 에너지 사이의 관계는

$$W = -\Delta V$$

가 된다.

에너지 보존 법칙

에너지에는 운동 에너지와 위치 에너지가 있다. 이때 운동 에너지와 위치 에너지의 합을 역학적 에너지라고 부른다. 그런데 물체가 중력에 의해 움직일 때 매순간 역학적 에너지의 값은 달라지지 않는다. 이것을 역학적 에너지 보존 법칙이라고 부른다.

과학성적 끌어올리기

이것을 간단하게 증명해 보자.

일이 운동 에너지의 변화량이므로

$W = \Delta T =$ 나중 운동 에너지-처음 운동 에너지

이고 위치 에너지와 일 사이의 관계는

$W = -\Delta V = -$(나중 위치 에너지-처음 위치 에너지)

이다.

이 두식을 함께 쓰면

$\Delta T = -\Delta V$이 되어 $\Delta(T+V) = 0$가 된다.

이때 역학적 에너지 E를

$E = T + V$

라고 정의하면 $\Delta E = 0$이 되니까 E의 변화량은 0이다. 그러므로 역학적 에너지가 보존되는 것이다.

제4장

도구의 이용에 관한 사건

지레① – 축구공이 나무에 걸렸어요

지레② –그래도 지구는 들 수 있다

고정 도르래 – 우물물 긷다가 빠졌어요

도르래 – 도르래 가게의 참사

비탈의 이용 – 못과 나사못

축바퀴 – 돌아가지 않는 나사

축구공이 나무에 걸렸어요

지렛대 원리로 나무 위에 앉은 축구공을
꺼낼 수 있을까요?

서울 상암 월드컵 경기장에서는 세계 어린이 월드컵 결승전이 열리고 있었다. 각국의 사람들이 경기를 관람하기 위해 상암 월드컵 경기장으로 몰려들기 시작했다. 어린이 월드컵을 기념하는 열기구들이 파란 하늘에 뜨고, 이곳저곳에 플래카드가 걸렸다. 또한 응원 도구와 각종 간식들을 팔기 위한 상인들로 북적거렸다. 그야말로 축제의 분위기 속에 경기가 시작되었다.

"여러분! 이곳은 상암 월드컵 경기장입니다. 잠시 후면 이곳에서 제10회 어린이 월드컵 결승전이 열릴 예정입니다. 맑은 하늘을 보니 가슴이 확 트이는데요? 축구 경기를 하기에는 최고의 날씨인 것 같습니다. 왠지 오늘 경기에서 승리할 것 같은 유쾌한 기분이 듭니다. 자, 경기장을 보시면 뭔가 다르다는 느낌을 받으셨을 것입니다. 어린이 월드컵인 만큼 축구장이 아주 특별하게 꾸며져 있습니다. 축구 코트 가장자리 왼쪽에 어린이 월드컵을 기념하여 10년 전에 심은 기념식수가 심어져 있습니다. 정말 멋집니다. 우리 축구 꿈나무들의 모습을 보는 것 같습니다. 근데 만약 공이 저 나무 꼭대기에 매달리면 어떻게 될까요? 하하하. 그냥 우스갯소리입니다. 설마 야구도 아니고. 하하하."

관중석에서는 이미 열띤 응원전이 펼쳐지고 있었다. 대형 플래카드와 카드 섹션은 경기장의 분위기를 한층 더 고조시켰다.

"레드 엔젤스! 파이팅!"

"차붐붐! 차붐붐! 차붐붐! 와!"

드디어 결승에 진출한 두 팀의 모습이 보이기 시작했다. 관중들은 환호성을 질렀다.

"네, 드디어 두 팀이 들어오는군요! 빨간 유니폼을 입은 팀이 '레드 엔젤스' 입니다. 영국 최고의 어린이 축구팀입니다. 하얀 유니폼은 우리의 '차붐붐 축구단' 입니다. 우리나라 선수라서가 아니라 객관적으로 봐도 하얀 유니폼의 차붐붐팀 멋져요! 아주 멋져요!"

선수들이 입장을 하자 관중석은 순식간에 열광의 도가니로 변했다.

"오늘 응원 열기는 정말 어찌나 뜨거운지 후끈후끈합니다. 마치 찜질방에 와 있는 것 같습니다. 하하하. 자, 이제 전반전이 시작되었습니다. 영국 선수들이 선제공격을 합니다. 우리 선수들 긴장해야겠죠?"

마리와 협보는 축구 경기를 응원하기 위하여 월드컵 경기장을 찾았다.

"야! 벌써 경기가 시작된 것 같아! 네가 햄버거 두 개만 먹었어도 안 늦었을 텐데. 돼지같이 네 개나 먹어 가지고! 그것도 모자라서 포장까지…… 어휴!"

"햄버거 두 개는 간에 기별도 안 가! 적어도 네 개 정도는 먹어야 좀 먹은 것 같지. 그리고 뭐니 뭐니 해도 응원할 때는 먹을 것을 싸 가지고 와야 해. 이따가 내꺼 뺏어 먹지나 마셔! 하하하."

"역시 못 말리는 식탐 협보다! 아무튼 자리에 앉자."

응원보다 햄버거, 콜라, 감자튀김 등에 더 관심이 있었던 협보는 먹을 것을 잔뜩 가슴에 품고 자리에 앉았다.

"어라? 뭐야? 레드 엔젤스가 좀 잘하는 것 같은데?"

"걱정 마! 우리 팀이 승리할 거야! 하하하. 너 이거 안 먹을래?"

협보는 포장해 온 감자튀김과 애플파이를 꺼냈다.

"또 먹어? 숨 좀 쉬고 먹어라! 그리고 난 하나도 안 먹을 거니까 말 시키지 마! 경기에 집중을 못하겠어."

"으이고! 먹는 게 남는 거야! 우걱우걱."

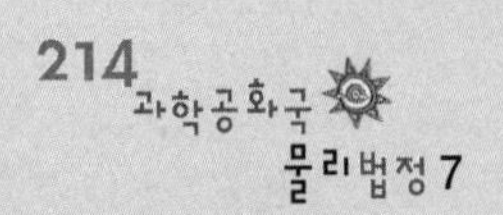

전반전 경기는 레드 엔젤스가 우세했다. 우리나라를 응원하는 관중석은 그야말로 흥분의 도가니였다.

"차붐붐! 힘내자! 파이팅! 아자! 아자!"

'우걱우걱'

"야! 협보 너는 지금 우리 팀이 열세에 몰렸는데 먹을 게 목구멍으로 넘어가냐?"

"모르는 소리! 이럴수록 많이 먹고 힘을 내야 더 열심히 응원할 거 아냐?"

"삐익!"

전반전의 경기는 0:0으로 끝이 났다.

"예, 너무 아쉬운 전반전이었습니다. 레드 엔젤스 어린이들 아주 실력이 있어요. 하지만 우리 차붐붐 축구단도 만만치 않죠? 좀 더 공격적인 수비가 필요합니다. 너무 긴장들을 하고 있어요! 빨리 긴장을 풀어야 하겠죠! 후반전에서는 기대를 해 보도록 하겠습니다."

후반전이 되자 응원 열기는 더욱 과열되었다.

"차붐붐 파이팅~."

"오~ 협보! 이제 다 먹었냐?"

"응! 이제 본격적으로 응원을 해야지! 내가 응원하면 어떤 팀이든지 무조건 승리한단 말이야! 하하하! 두고 봐! 분명 우리 팀이 이길 거니까!"

양 팀의 선수들도 전반전보다 더 열심히 뛰었다.

"아! 우리 선수들 이제야 실력이 나옵니다. 전반전 때는 몸이 덜 풀렸었나 봅니다. 하하하."

그때였다. 영국 팀 레드 엔젤스의 데이비드 배꼽 선수가 혜성같이 빠른 속도로 공을 몰아갔다. 수비가 달려들었지만 모두들 실패를 했고 결국은 배꼽 선수가 찬 공이 골대의 그물망을 흔들었다. 순간 우리나라의 응원석은 찬물을 끼얹은 듯이 고요해졌고, 반면 레드 엔젤스 관중석은 흥분과 환희로 요란스러워졌다.

"아…… 배꼽 선수. 대단합니다. 근데 저거 오프사이드 아닙니까? 아닌가요? 아닌가 봅니다. 아쉽네요. 현재 1:0인데요. 이제 경기 종료는 10분 정도 남아 있습니다. 10분이면 역전하기에 충분한 시간이죠? 우리 선수들 어서 분발해서 역전을 해야겠습니다. 3:1 정도는 가능하지 않을까요? 하하하. 그리고 우리 관중들 기죽을 필요가 없습니다. 자! 힘냅시다!"

응원석에서는 남은 10분 동안 젖 먹던 힘까지 다해 응원하기 시작했다.

"차붐붐! 차붐붐!"

그런데 종료 1분을 남겨 놓고 레드 엔젤스의 누니가 발로 찬 공이 10년 기념식수의 꼭대기에 올라갔다.

"아! 무슨 일입니까? 시간이 1분밖에 남지 않았는데. 이 황금같이 중요한 순간에 공이 나무에 걸리다니요! 빨리 올라가서 공을 내려야죠! 심판은 추가 시간을 줘야 합니다."

선수들은 나무 위로 올라가 공을 내리려고 안간힘을 썼다. 하지만 정작 공을 올린 누니는 실실 웃으며 딴짓만 하고 있었다. 차붐붐 축구단은 온힘을 다해 나무에 올라갔다. 그러나 나무가 너무 미끄러워 몇 발짝밖에 올라갈 수가 없었다. 레드 엔젤스 팀은 휴식 시간이라도 생긴 듯 몸을 풀었고, 차붐붐 축구단의 선수들은 식은땀을 흘리며 어떻게든지 공을 내리려고 노력하고 있었다. 그러나 야속하게도 시간은 계속 흘러 1분이 지났다.

"삐익!"

경기의 종료를 알리는 심판의 호루라기 소리가 울렸다.

심판은 레드 엔젤스 팀의 손을 들어 그들의 승리를 인정했다. 그리고 레드 엔젤스의 선수들은 우승 세리머니를 하느라 축구장을 빙빙 돌아다녔다. 나무 밑에서 폴짝폴짝 뛰며 공을 내리려던 차붐붐 축구단의 선수들은 자리에 털썩 주저앉았다.

"엉엉."

어린 선수들은 펑펑 울기 시작했다.

"정말 말도 안 됩니다. 우리 선수들이 분명 골을 넣을 수 있었는데…… 누니 선수의 잘못으로 올라간 공 때문에 우리 선수들은 공 한번 차지 못하고 이렇게 허무하게 지다니요. 우리 선수들 억울한 심정에 잔디밭에 앉아 울고 있습니다."

관중들과 선수, 감독은 심판에게 항의를 하기 시작했다. 하지만 심판은 끄떡도 하지 않았다. 그러자 차붐붐 축구단의 차붐붐 감독은 레드 엔젤스 팀의 누니를 물리법정에 고소하기로 했다.

"누니와 레드 엔젤스 팀을 경기 방해죄로 고소합니다. 자신이 나무 위에 공을 올려놓고도 꺼내지 않고 가만히 보기만 했으며 레드 엔젤스 팀도 자기 팀의 잘못을 알면서도 아무런 도움도 주지 않았습니다."

레드 엔젤스 팀은 이에 항의하였다.

"우리도 도와주고 싶었지만 그 높은 나무에 어떻게 올라갑니까? 미안하지만 방법이 없었습니다. 쳇!"

"말도 안 돼! 당신들은 우리를 도울 생각도 없었어. 단지 시간만 흘러가길 바랐겠지! 어쨌든 우리는 레드 엔젤스 팀을 이 물리법정에 고소하겠습니다."

이렇게 해서 레드 엔젤스 팀은 얼마 후 물리법정에 서게 되었다.

지레는 작은 힘으로 큰 힘을 만들 수 있기 때문에
병따개, 손톱깎기 등에 사용됩니다.

나무 위에 올라간 축구공을 꺼낼 방법이 없었을까요?

물리법정에서 알아봅시다.

재판을 시작하겠습니다. 어이없는 상황으로 경기에서 질 수밖에 없었던 것 같군요. 나무 위에서 공을 내릴 방법은 없었던 걸까요? 피고 측 변론하십시오.

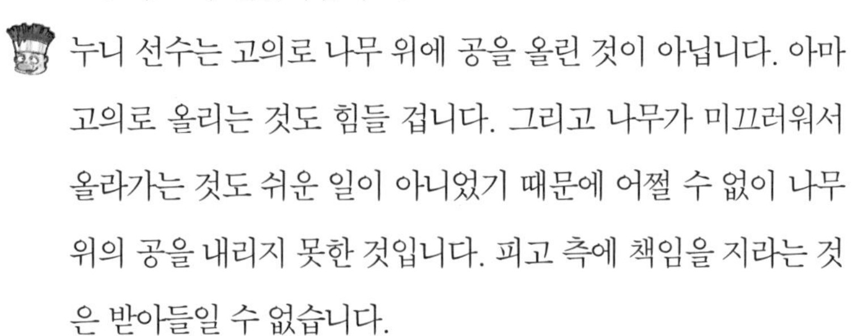

누니 선수는 고의로 나무 위에 공을 올린 것이 아닙니다. 아마 고의로 올리는 것도 힘들 겁니다. 그리고 나무가 미끄러워서 올라가는 것도 쉬운 일이 아니었기 때문에 어쩔 수 없이 나무 위의 공을 내리지 못한 것입니다. 피고 측에 책임을 지라는 것은 받아들일 수 없습니다.

나무 위의 공을 내릴 수 없었다고 말하는 것은 피고 측의 변명입니다. 지레를 이용하면 충분히 내릴 수 있었음에도 불구하고 피고 측은 경기에서 쉽게 이기기 위해 시간을 지연시킨 겁니다. 재시합을 할 것을 요구합니다.

재시합을 하는 것은 특별한 경우가 아니면 굉장히 힘든 일입니다. 지레를 이용하면 공을 내릴 수 있다고 하셨는데 어떻게 그게 가능합니까?

지레의 원리와 이용 방법에 대한 자세한 내용은 과학공화국

물리대학의 강한척 교수님을 증인으로 모시고 설명 드리겠습니다. 증인 요청을 받아주십시오.

 증인은 증인석으로 나오십시오.

팔뚝이 울룩불룩한 40대 후반의 남성은 청바지의 활달한 차림으로 자신의 힘을 과시하듯이 연신 어깨를 들썩거리면서 증인석으로 나왔다.

나무 위의 공을 내리는 데 지레를 이용하면 쉽게 내릴 수 있다는 것이 사실입니까?

사실입니다. 지레의 원리를 이용하면 나무 위의 물건을 쉽게 내릴 수 있습니다.

지레의 원리가 무엇인가요?

지레는 크게 힘점, 받침점, 작용점으로 나눌 수 있는데 지레의 중간의 지점에 받침점을 두고 힘점이나 작용점 사이의 거리를 조절하면 적은 힘으로도 물체를 들어 올리거나 혹은 같은 힘으로도 더 높이 올라가게 할 수 있습니다.

나무 위의 공을 내리려면 어떻게 하면 됩니까?

나무 아래에 지레를 두고 지레의 한쪽 끝에 나무에 올라가기 쉬운 가벼운 사람이 올라갑니다. 다른 쪽 끝에는 강하게 누를 수 있도록 무게가 많이 나가는 세 명의 사람이 올라갑니다. 이때 가벼운 사람은 지레의 작용점이 되고 무거운 사람들은 힘점이 되는 겁니다. 지레의 받침점은 작용점과 힘점 사이에 두는데 힘점에 가깝고 작용점으로부터 먼 곳에 둡니다.

받침점을 힘점에 가까이 두는 것은 무엇 때문입니까?

받침점에서 작용점까지의 거리와 작용점 무게의 곱, 또 받침점에서 힘점까지의 거리와 힘점의 크기의 곱을 모멘트라고 하는데 두 값이 같으면 평형을 이루게 됩니다. 받침점에서 힘점까지 거리가 가까우면 조금만 눌러도 작용점의 사람이 높이 올라갈 수 있어 공을 내릴 수가 있습니다. 이때 거리의 차이가 나는 만큼 비례하여 힘점의 크기가 작용점의 무게보다 커야겠지요. 이 경우는 힘에는 손해를 보았지만 조금만 눌러도 되므로 거리에는 이득을 본 것입니다.

모멘트는 거리와 힘을 곱한 양이고 작용점과 받침점의 거리를 길게 하면 힘점에서 강한 힘으로 조금만 눌러도 작용점에 있는 사람은 높이 올라갈 수 있다는 말씀이군요. 그렇다면 거꾸로 적은 힘으로 많은 양의 물건을 들어 올릴 수도 있습니까?

물론입니다. 받침점을 힘점에는 멀리 작용점에는 가깝게 하면 작용점 위의 무거운 물체를 적은 힘으로도 들어 올릴 수 있습니다. 이렇게 되면 일에는 이득이 없지만 힘에는 이득을 본 것입니다.

지레를 이용하면 일에는 이득을 얻을 수 없지만 힘이나 거리에는 이득을 얻게 된다는 사실을 알았습니다. 힘을 모으면 나무 위의 공을 내릴 수 있었음에도 불구하고 일부러 딴전을 피워서 시간만 보낸 피고에게 경고를 주십시오.

어떠한 경기이든 정정당당하게 싸워서 이기는 것이 값진 것입니다. 추가 시간 1분을 허용하여 재대결할 것을 판결합니다. 이번엔 양측 모두 페어플레이 정신에 입각하여 끝까지 최선을 다하는 모습을 보여주기를 바랍니다.

재판이 끝난 후, 추가 시간 1분 동안 재대결을 펼쳤지만 끝내 차붐붐 팀은 골을 넣지 못했다. 하지만 이번에는 차붐붐 팀도 경기에서 진 것을 깨끗하게 인정하고 진심으로 레드 엔젤스 팀의 승리를 축하해주었다.

지레는 지렛대라고도 한다. 받침점이 고정되어 있고 힘을 작용하는 힘점, 물체에 힘을 작용하는 작용점으로 구성된다. 지레는 힘점과 받침점 사이의 거리와 작용점과 받침점 사이의 거리의 관계에 따라 더 큰 힘을 내거나 짧은 길이를 움직여서 물체를 멀리 움직일 수 있다. 장도리, 대저울, 가위, 병따개 등은 힘의 이득을 보는 경우이고, 핀셋과 같은 경우 힘은 더 들지만 미세한 움직임을 얻을 수 있다.

그래도 지구는 들 수 있다

정말로 사람 하나로
지구를 들어 올릴 수 있을까요?

과학 공화국 괴짜연구소라는 연구소에는 아루키라는 과학 박사가 있었다. 그는 늘 그렇듯이 오늘도 며칠은 빗지 않은 것 같은 덥수룩한 머리에 때가 꼬질꼬질한 연구복을 입은 채 천체 망원경을 멍하니 들여다보고 있었다.

"호오, 그래. 그렇지……."

"뭘 저렇게 혼자 중얼거리시는 거야?"

그의 제자들 중 하나가 옆의 조교에게 물어보았다.

"낸들 알 리가 있겠니? 그냥 그러려니 해."

조교는 고개를 절래절래 저으며 아루키 박사의 연구실을 나갔다. 다른 과학자들도 어느 정도 그런 면이 있겠지만 아루키 박사는 유난히도 한 번 연구에 몰두하기 시작하면 입는 것도, 먹는 것도 마다한 채 며칠 동안 폐인처럼 연구에만 몰두하여 주변 사람들을 피곤하게 만들었다. 조교 역시 벌써 3일째 퇴근하지 못하고 박사의 업무를 돕고 있었다. 평소에도 그다지 깔끔하지 않았던 박사는 요즘 또 무엇에 심취했는지 더욱 초췌해져만 갔다. 특히 아루키 박사는 자신이 연구하는 것에 대해 누군가 물어보는 것에 상당히 민감했다. 그래서 누군가 자신의 연구에 대해 묻기라도 하면 불같이 화를 내곤 하였다. 박사의 성격을 잘 아는 조교는 그에게 아무것도 묻지 않은 채 그저 일만 하는 수밖에 없었다. 평소와 다름없이 박사의 책상 위를 정리하던 조교는 박사가 무엇을 연구하는지 슬그머니 궁금해지기 시작했다. 하지만 아무리 그래도 박사가 애지중지하는 연구 자료를 몰래 뒤지고 싶지는 않았다. 그래서 조교는 박사가 도서관에서 빌린 책들의 제목들을 죽 훑어보았다.

"흠, 달과 지구, 지구에서 달까지…… 지구의 무게, 달과 지구의 부피는 어떤가…… 뭐야, 온통 달과 지구에 대한 이야기뿐이잖아?"

그러다가 조교는 그 책들 밑에 있는 얄팍한 책 한 권을 발견했다.

"이건 앞의 책들과 다른 내용이네."

가장 밑에 깔려 있는 낡은 책의 제목은 '지렛대의 원리'였다. 조교가 별 흥미 없다는 듯 책들을 정리하고 책상 위의 수북한 먼지를 닦아내는 순간 갑자기 뒤에서 외마디 비명소리가 들려왔다.

"으어어어~~~."

조교는 얼른 박사에게로 달려갔다.

"박사님! 무슨 일 있으세요? 괜찮으세요?"

칠판 위에 알 수 없는 기호와 그림들을 그리며 한참을 무언가 계산하던 박사는 조교를 붙들고 두 눈을 부릅뜨며 소리쳤다.

"드디어 내 연구의 결과가 나왔어! 난 이제 역사에 길이 남는 과학자가 될 거야!"

이렇게 말하는 박사의 눈에는 감격의 눈물이 고여 있었다.

"그럼 아까 소리 지르신 게……."

"어 흑……."

마침내 박사는 감동과 감격의 울음을 터트렸고 조교는 떨떠름한 표정으로 박사를 토닥여 주었다.

'정말 괴짜 중의 괴짜로군.'

다음 날 박사는 과학공화국의 가장 권위 있는 학회인 정통과학학회지에 논문을 발표하기 위해 그동안의 연구 자료를 정리해서 박사가 직접 나섰다. 여느 때와는 달리 깔끔한 복장에 면도를 하고 머리까지 빗어 넘긴 아루키 박사의 모습은 어제와는 다른 사람 같았다.

"다녀올게~~."

명랑한 인사와 함께 발걸음도 가볍게 문을 나서는 박사를 보며 오랜만에 보는 박사의 밝은 모습에 조교도 미소를 지었다. 하지만 몇 시간 후에 돌아온 박사의 얼굴에서 그 미소는 찾아볼 수 없었다. 아루키 박사는 씩씩거리며 연구실로 들어섰다. 조교는 신이 나서 나섰던 박사가 화를 내며 돌아오자 어리둥절했다.

"왜 그러세요, 박사님?"

"내 논문을 학회지에 실어 줄 수 없다는군."

침통한 표정의 아루키 박사가 말했다.

"아니, 어째서……."

조교는 당황하여 되물었다.

"너무 황당하고 어이가 없다나? 쳇, 원래 위대한 발견이나 발명이 보통 사람들 눈에는 황당하게만 보이는 거겠지."

조교는 뭔가 생각이 떠오른 듯 두 손을 짝 소리 나게 부딪치며 말했다.

"박사님, 꼭 학회지에 그 논문을 발표할 필요는 없지 않아요? 그냥 인터넷에 바로 올려서 교수님의 그 연구 결과를 모든 사람들에게 공개하세요. 정말 대단한 연구라면 다들 교수님의 업적을 알아주지 않겠어요?"

"흠, 그…… 그런가?"

박사는 순간 마음이 흔들리는 듯했다. 조교는 그때를 놓치지 않았다.

"그럼요. 보통 사람들도 보고 이해할 수 있게 쉽게 설명해서 박사님의 이름으로 인터넷에 올려 두면 관심 있는 사람들이 보고는 알아서 평가해 줄 거예요."

"그러지 뭐. 어차피 학회지에도 발표하지 못하게 되었으니 지푸라기라도 잡는 심정이다. 자, 자네가 이 논문을 인터넷에 좀 올려주게나."

"네~엡!"

다음 날 조교가 풀이하여 올린 논문이 인터넷 포털 사이트에 올랐다. 논문의 제목은 '사람 하나로 지구를 들어 올리는 법' 이었다. 경이적인 숫자의 사람들이 아루키 박사의 논문을 클릭했고 박사의 논문은 순식간에 검색 순위 1위에 등극했다. 일주일 만에 박사의 논문이 신문의 첫 페이지에 헤드라인 기사로 올라갔다. 하지만 박사의 논문을 거절했던 학계에서는 박사의 연구가 사기라며 국민을 우롱했다는 죄로 박사를 고소하였고 이에 박사는 명예 훼손으로 맞고소를 하는 지경에까지 이르렀다.

지렛대에서 작은 힘으로 물체를 들어 올리기 위해서는 받침점과 힘점 사이의 거리가 받침점과 작용점 사이의 거리보다 길면 됩니다.

사람이 지구를 들어 올릴 수 있을까요?

물리법정에서 알아봅시다.

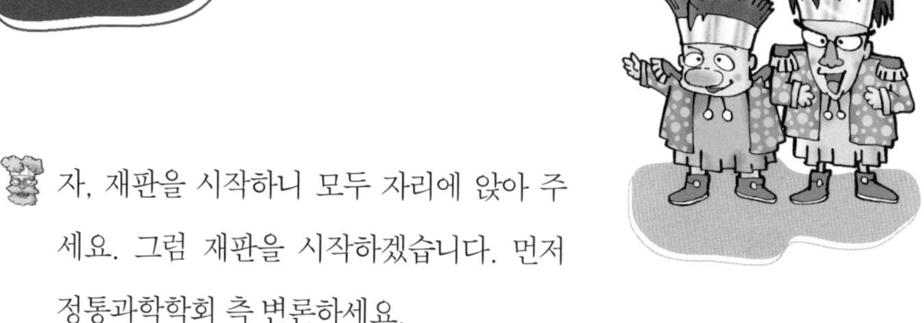

자, 재판을 시작하니 모두 자리에 앉아 주세요. 그럼 재판을 시작하겠습니다. 먼저 정통과학학회 측 변론하세요.

재판장님, 이 논문은 몇몇 어설픈 이론을 모아서 만든 것에 불과합니다. 너무 황당하고 어이없는 내용의 논문이라 학회지에 실어주지 않은 것뿐인데 박사는 이에 앙심을 품고 일부러 달콤한 말로 사람들을 현혹하여 허위 사실을 인터넷에 흘렸으니 이는 사기가 분명합니다.

갑자기 웬 사기?

어린 아이라도 지구를 사람 혼자서 들어 올릴 수 없다는 것은 다 아는데 그렇지 않다고 거짓 사실을 만들어 내니 사기가 아니고 뭐겠습니까?

알겠습니다. 그럼 아루키 박사 측 변론하세요.

저희는 지렛대 연구소장이신 고지레 박사를 증인으로 요청합니다.

증인 요청을 받아들이겠습니다. 증인은 앞으로 나오세요.

고지레 박사는 긴 판을 어깨 위에 이고 힘겹게 끌고 나와서 증인석 옆에 놓고 앉았다.

박사님, 힘들게 들고 나오신 것은 무엇입니까?

지렛대를 만들기 위한 긴 판입니다.

 지렛대요? 이번 사건과 관계가 있습니까?

 물론 관계가 있다마다요. 지렛대의 원리를 이용하면 지구 아니라 더 큰 질량을 가진 물체도 들어 올릴 수 있습니다.

 지구보다도 더 큰 물체요? 어떻게 가능한지 설명 부탁드립니다.

 지렛대는 힘점과 받침점 그리고 작용점으로 나뉩니다. 지렛대의 원리는 작용점에 물체를 올리고 힘점에서 누르면 받침대가 받쳐서 물체를 들어 올리는 것입니다. 받침점에서 힘점과의 거리(a)와 받침점에서 작용점까지의 거리(b)에 따라 상황이 달라지는데 작은 힘으로 물체를 들어 올리기 위해서는 받침점에서 힘점까지의 거리(a)가 받침점에서 작용점까지의 거리(b)에 비해 길면 됩니다. 즉 힘에 이득을 본 만큼 거리에서 손해를 보고 길어지면 무거운 물체도 충분히 들 수 있는 것이지요. 이때 힘점을 누르는 힘도 지구를 들어 올리는 높이에 비해 굉장히 커야 합니다.

 지렛대에서 힘점과 작용점이 받침점으로부터 떨어진 거리에

따라 지렛대 한쪽 끝에 지구를 올려놓고 다른 쪽 끝에서 사람이 지렛대를 누르면 지구가 들릴 수 있다니 신기하군요. 정량적인 값으로 나타낼 수 있습니까?

지렛대의 원리를 식으로 정리하면 'a×힘점에서 누르는 힘=b×작용점의 물체의 무게'가 됩니다. 물체의 무게는 무겁지만 받침점에서 작용점까지의 거리가 아주 짧다면 적은 힘으로도 충분히 무거운 물체를 들어 올릴 수 있습니다.

증인의 증언을 바탕으로 판단하건데 지렛대의 원리를 이용하면 지구만큼 무거운 물체를 사람이 충분히 들어 올릴 수 있습니다. 아루키 박사님의 논문을 절대로 받아들일 수 없다는 정통과학학회의 잘못을 인정하고 박사의 논문을 학회지에 올려줄 것을 요구합니다.

지구를 들어 올리기 위해서는 충분히 긴 지렛대가 필요하겠군요. 아주 긴 지레가 있다면 지구를 들어 올리는 것이 이론상으로 가능하다고 판단됩니다. 아루키 박사의 논문을 받아들일 수 없다고 한 정통과학학회에서는 박사의 논문을 받아들이고 학회지에 올릴 수 있도록 하십시오. 이상으로 재판을 마치겠습니다.

재판 후, 너무 획기적인 정보라고 해서 아루키 박사의 논문을 받아들이지 않았던 학회 회원들은 아루키 박사에게 사과를 했다. 그리고 아루키 박사의 논문을 정식으로 학회지에 올려 주었다. 그 후 아루키 박사는 정말 지구를 받들 수 있는 지렛대를 만들어 볼까 하는 마음에 온종일 지렛대 연구에만 매달리고 있는 중이다.

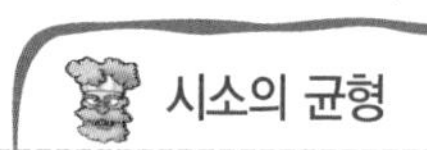

시소의 균형

시소의 왼쪽 끝에는 30킬로그램인 영희가 앉아 있고 받침점으로부터 시소의 왼쪽 끝까지 거리를 3미터라고 할 때 90킬로그램인 철수와 영희가 시소 위에서 균형을 이루려면 철수는 받침점으로부터 몇 미터인 곳에 앉아야 할까? 철수의 몸무게가 영희의 몸무게보다 3배 무거우므로 지렛대의 원리에 따라 철수는 받침점으로부터 영희까지의 거리의 3분의 1이 되는 곳에 앉아야 시소가 균형을 이룬다. 그러므로 철수는 받침점으로부터 오른쪽으로 1미터 되는 곳에 앉아야 한다.

우물물 긷다가 빠졌어요

두식이는 왜 갑자기 우물물에 빠졌을까요?

우물 마을에는 100여 년이 넘은 오래된 우물이 있었다. 마을 사람들에게 그 우물은 보물과도 같은 것이었다.

1년에 한 번씩 우물 앞에서 마을의 안전을 위한 제사를 지냈다.

"이 우물은 우리 마을의 '신'과 같은 존재입니다. 우리 조상의 조상 분들이 계셨을 때부터 마을을 지켜준 우물입니다. 이 신성한 우물에는 어떠한 쓰레기도 버려서는 안 되며 지나갈 때에도 예의를 갖추어 고개를 숙이고 지나 가십시오! 으흠."

마을의 이장은 사람들을 불러 놓고 당부의 말을 했다.

대대로 이 우물을 관리하는 사람이 있었다. 사람들은 그를 '우물지기'라고 불렀다.

어느 날 우물 앞을 지나가던 두식이와 민수가 우물 앞에 멈춰 섰다.

"두식아! 너 이 우물물 먹어 봤어?"

"음…… 우리 할아버지가 그러시는데 아주 시원하대."

"먹어 볼까?"

"우물지기 아저씨가 함부로 마시지 말랬는데……."

"그래! 역시 겁쟁이군."

"뭐? 나 겁쟁이 아니야!"

"그럼 마셔 봐."

두식이는 순진하게도 민수의 꼬임에 넘어가 얼떨결에 우물물을 마실 결심을 했다. 그때 누군가가 숲에서 다가왔다.

"누구지?"

"귀……귀신?"

두식이와 민수는 얼어붙은 듯 자리에서 한 발짝도 떼지 못했다. 자정이 넘은 이 시간에 우물 근처에 올 사람은 없었다.

"이 녀석들! 뭐하고 있는 게야?"

"우물지기 아저씨? 도망가자!"

민수는 혼자 줄행랑을 쳤다. 두식이는 옷을 허겁지겁 입다가 우물지기에게 목덜미가 잡혔다.

"너 두식이 아니냐? 지금 뭘 하려던 거야?"

"미……민수가 우물물을 마시자고 해서."

"뭐라고? 이 우물물은 허락을 받고 마셔야 해."

"죄송해요. 그냥 장난으로……."

"장난? 으흠…… 사실 이건 비밀인데…… 특별히 너에게만 알려주겠다. 이 우물물은 천 년 동안 살 수 있게 해주는 그런 우물물이야. 그러니까 함부로 마실 생각은 마라."

"네…… 네!"

두식이는 기겁을 하며 도망쳤다. 우물지기는 아이들에게 겁을 주려고 거짓말을 했다. 그리고 그 소문은 순식간에 마을에 퍼졌다.

"우물물을 마시면 천 년을 더 살 수 있대."

"정말?"

이 소문이 나자, 밤만 되면 우물물을 몰래 마시려는 사람들로 우물 주위가 북적거렸다.

우물지기는 매일같이 우물을 살펴보았다. 그런데 꾀돌이 민수는 조금씩 우물지기의 말을 의심하기 시작했다.

"두식아! 아무래도 우물지기 아저씨가 우리한테 거짓말을 한 것 같아! 천 년은 무슨……."

"괜히 장난치다가 큰일 난다고!"

"아냐! 우리는 속은 거야! 너…… 내 게임기 갖고 싶다고 했지?"

"게임기? 음……."

"그럼 오늘 밤에 우물물 떠오면 내가 그 게임기 줄게!"

"어? 음……."

"쳇! 무섭냐? 이 겁쟁이!"

"아……알았어!"

두식이는 민수의 게임기가 너무 갖고 싶었던 까닭에 다시 우물을 찾았다. 우물지기가 우물 앞에 앉아 있었다.

"어휴…… 우물지기 아저씨는 도대체 언제까지 우물 앞에 계시는 거야?"

"그럼 내가 유인할 테니까 너는 그사이에 들어갔다가 와!"

"알았어! 너 약속한 대로 꼭 게임기 줘야 해! 나중에 가서 딴말하기 없기다."

그날 밤. 민수와 두식이는 우물가로 갔다. 우물지기를 따돌리기 위하여 민수는 강아지 소리를 냈다.

'멍! 멍!'

"이게 무슨 소리지? 거기 누구 있소?"

우물지기는 숲 속에서 강아지 울음소리가 나자 소리가 나는 쪽으로 걸음을 옮겼다. 두식이는 우물지기가 자리를 뜨자 우물가로 갔다.

'조금 무섭긴 하지만…… 얼른 우물물을 떠야지. 게임기…… 흐흐흐.'

두식이는 우물 속으로 줄이 매달린 두레박을 던져 넣고 우물물을 한가득 담아 줄을 잡아당겼다. 그 순간 두레박에 담긴 물이 너무 무거웠는지 두식이가 그만 우물에 빠지고 말았다. 그때 우물지기가 낌새를 채고 얼른 달려와 두식이를 구출하였다. 그러나 두식이 아버지는 우물지기가 두레박을 너무 큰 것으로 설치해 놓았기 때문에 아들이 우물에 빠졌다며 우물지기를 물리법정에 고소했다.

움직 도르래를 사용하면 도르래 하나당 물체를 당기는 데 필요한 힘을 절반으로 줄여 줍니다.

우물에는 어떤 도르래가 필요할까요?
물리법정에서 알아봅시다.

재판을 시작하겠습니다. 우물이 위험한 곳인 줄은 몰랐는데 조심해야겠군요. 원고 측은 우물에 빠진 것이 우물지기가 우물 관리를 잘못한 탓이라고 하는데 피고 측 변론을 들어보겠습니다.

피고인 우물지기는 밤낮으로 우물을 지키면서 사람들이 우물에 빠지지 않도록 관리에 만전을 기해 왔습니다. 원고가 우물에 빠진 날도 이상한 소리가 들리자마자 쏜살같이 달려가, 우물에 빠진 원고를 신속히 구해 줬습니다. 그런데 이제 와서 물에 빠진 사람 구해 줬더니 보따리 내놓으란 격 아닙니까? 도리어 피고에게 고맙다고 해야 한다고 봅니다.

우물에서 물을 긷다가 빠질 위험이 있었다면 조치를 취했어야 하지 않을까요? 뭐 좋은 방법이 없었습니까?

마을에서 귀하게 여기는 신성한 우물이기 때문에 없앨 수도 없었습니다. 때문에 우물지기를 정해서 우물을 지키게 하고 사람들이 빠지지 않도록 하는 것이 최선의 방법이었습니다.

이번과 같은 일이 더 일어나지 말라는 법이 없으니 더 좋은 방법이 있는지 찾아봐야겠군요. 원고는 어떤 이유로 자식이 우물에 빠진 것을 피고의 잘못으로 돌리는지 원고 측 주장을 들어보겠습니다.

우물에서 물을 긷다가 우물에 빠진 것은 안전장치가 없기 때문입니다. 만약 우물지기가 안전장치를 제대로 달았다면 이런 일은 일어나지 않았을 겁니다.

어떤 안전장치를 말씀하시는 겁니까?

특별한 보호 장치를 말하는 것이 아니라 우물은 물을 긷는 곳이니까 물을 안전하게 기를 수 있는 장치를 달기만 했더라도 물을 긷다가 빠지는 일은 없지 않겠습니까?

그런 장치가 있습니까?

도르래입니다. 도르래는 우물의 물을 안전하게 기를 수 있도록 해 줄 뿐 아니라 무거운 물을 적은 힘을 들여 기를 수 있도록 해 줍니다.

도르래가 그렇게 유용한 장치라고요? 어떤 원리로 가능한 겁니까?

도르래에는 고정 도르래와 움직 도르래가 있습니다. 두 도르래를 어떻게 이용하는지에 따라 여러 가지 효과를 볼 수 있습니다. 고정 도르래는 위쪽에 도르래가 고정되어 있는 도르래로 줄을 아래로 당기면 물이 위로 올라오도록 만들어진 것입니다.

고정 도르래 없이 그냥 물을 끌어올리는 경우에 물을 올리기 위해 줄을 위로 당기는 것과 비교하면 고정 도르래는 줄을 당기는 방향을 바꾸는 거로군요.

 맞습니다. 아래로 당기니까 우물 속으로 같이 빨려 들어갈 일이 없습니다. 움직 도르래는 물 무게의 절반의 힘으로 물을 기를 수 있습니다. 만약 고정 도르래와 움직 도르래를 합한 복합 도르래를 사용하면 줄을 당기는 방향도 바꾸어 주고 힘도 줄여 줄 수 있습니다. 용도에 따라 여러 가지로 활용이 가능하지요.

 고정 도르래와 움직 도르래의 쓰임에는 어떤 차이가 있습니까?

 고정 도르래는 물체를 당기는 방향을 바꾸어 주고 물체의 무게와 같은 힘이 필요하며 물체가 올라오는 길이만큼 당기는 반면, 움직 도르래는 도르래 하나당 물체를 당기는 데 필요한 힘을 절반으로 줄여 주는 대신에 당기는 줄의 길이는 두 배가 됩니다. 도르래를 사용하면 일에는 이득을 얻지 못하지만 일을 하는데 필요한 힘을 줄이거나 방향을 바꿀 수 있어 편리하고 수월하게 물건을 들어 올릴 수 있습니다.

 도르래를 사용하건 하지 않건 같은 일을 하는 것이군요?

 그렇습니다. 일이란 힘과 이동한 거리를 곱한 값으로 도르래를 사용하면 일에는 이득이 없기 때문에 고정 도르래는 같은 힘과 같은 거리만큼 당기게 되고 반면 힘이 절반으로 줄어드는 움직 도르래의 경우 길이가 두 배로 증가하는 것입니다.

 도르래를 설치하여 물을 끌어올리면 쉽고 안전하게 물을 기를

수 있겠군요. 우물지기는 더 이상 안전사고가 일어나지 않도록 안전장치로서 도르래를 설치하도록 하십시오. 우물에 빠진 원고의 자식은 얼른 충격에서 벗어나도록 하고 앞으로는 도르래를 이용하여 안전하게 물을 긷도록 하십시오.

재판이 끝난 후, 우물에 도르래를 설치하자 사람들은 더 안전하면서도 편리하게 우물을 이용할 수 있었다. 한편, 우물물을 먹으면 천 년을 산다는 말이 거짓 소문인 것을 알게 된 마을 사람들은 무척 아쉬워했다.

고정 도르래와 움직 도르래

고정 도르래는 회전축을 고정시킨 도르래를 말한다. 회전축은 고정되어 있고 걸친 줄의 한쪽을 당겨서 다른 쪽의 물체를 끌어당기거나 들어 올리는 역할을 한다. 우물의 두레박이나 승강기 등에서 사용하며, 힘의 방향은 바꿀 수 있지만 힘의 이득은 얻을 수 없다.
움직 도르래는 회전축이 고정되지 않고 이동하는 도르래를 말한다. 도르래에 걸린 줄의 한쪽을 고정하고 도르래에 움직이려는 물체를 걸어 도르래와 함께 당기면 힘의 방향을 바꾸지는 못하지만 절반의 힘으로 물체를 들어 올릴 수 있다. 이렇게 움직 도르래는 힘의 이득을 얻을 수 있으므로 거중기처럼 무거운 물체를 들어 올리는 장치에 사용된다.

도르래 가게의 참사

고정 도르래와 움직 도르래는
어떤 원리로 움직이는 걸까요?

과학공화국 돌돌씨티의 안전선 씨는 오늘도 인상을 잔뜩 구긴 채 일터로 나섰다. 청년 실업 문제가 심각한 이때에 겨우 취직을 하기는 했지만 자신이 일하고 있는 곳이 영 마음에 들지 않았기 때문이었다. 안전선 씨의 직장은 자그마한 도르래 가게였는데 어찌나 건물이 낡았는지 천장은 아직도 나무로 만들어져 있고 비만 오면 한구석에서는 물이 뚝뚝 새어 들어왔다. 하지만 딱히 일할 곳이 없었던 안전선 씨는 그나마 취직을 못한 다른 친구들보다는 사정이 나은 편이었다. 가게에 도착한 안전선 씨는 '쫘르륵~' 하는 소리와 함께 셔터 문을 열고 가게에 들어갔다.

"어, 벌써 왔나?"

"네, 사장님."

뚱땅뚱땅 쇠끼리 부딪히는 소리를 내며 도르래를 만들던 이강철 씨가 뒤를 휙 돌아보며 안전선 씨를 반겼다. 안전선 씨는 완성되어 한구석에 쌓여 있는 도르래를 들어서 정리하고 진열대에 쌓아 둔 일을 시작했다.

"날씨가 꿀꿀한 게 또 비가 올 모양이군."

하늘을 올려다보며 안전선 씨가 중얼거렸다. 그리고 몇 분 후 그의 예상이 적중했다. 하늘에서 물방울이 하나 둘씩 뚝뚝 떨어지기 시작했다. 안전선 씨는 익숙한 표정으로 어디선가 찌그러진 양동이를 하나 들고 와서는 한쪽 구석에 놓아 두었다. 그러자 얼마 지나지 않아 신기하게도 천장에서 새는 물이 '톡!' 하는 소리와 함께 그 양동이 속으로 떨어지기 시작했다.

"하하, 자네도 이제 우리 가게 사람 다 됐구먼. 척하면 척이니."

이강철 씨가 껄껄 웃으며 말했다. 안전선 씨는 쓴웃음을 지으며 가게 밖에 진열해 놓은 도르래를 들여 놓기 위해 우비를 입고 밖으로 나왔다.

"으이그…… 내가 가게에 익숙해 진 게 아니라 가게가 워낙에 낡은 거지. 사장님은 하나는 알고 둘은 모른다니깐."

'우르릉 쾅!!'

갑자기 하늘에서는 천둥, 번개가 치며 비가 더 세차게 쏟아졌다. 안전선 씨는 마음 놓고 있다가 움찔하며 놀랐다.

"아이고, 깜짝이야. 한여름도 아닌데 왜 이렇게 비가 많이 오지? 낡아빠진 우리 가게 지붕 다 무너지겠네."

혼잣말을 중얼거리며 도르래를 양손 가득 들고 안전선 씨가 가게로 들어섰다. 그 순간

'콰직!!'

나무가 부서지는 듯한 엄청난 소리와 함께 늘 비가 새던 쪽의 지붕이 내려앉아 버렸다. 안전선 씨는 도르래를 들고 있던 그 자세 그대로 그만 자리에 얼어붙고 말았다.

"저…… 정말 지붕이 무너졌다!"

곧이어 안에서는 사람의 신음 소리가 들렸다.

"사장님!!"

이강철 씨가 마침 그 지붕 밑에 있다가 봉변을 당한 것이었다. 안전선 씨는 들고 있던 도르래를 내팽겨치고는 가게 안으로 들어섰다. 이제 가게 안에는 빗물이 새어 들어오는 것이 아니라 아예 비가 쏟아지고 있었다. 안전선 씨는 여기저기 널브러진 도르래를 헤치고 부서진 지붕이 쌓여 있는 쪽으로 향했다. 이강철 씨는 허리 아래가 커다란 나무판자에 눌려 빠져나오지 못하고 있었다.

"사장님, 잠시만 기다리세요. 제가 구해 드릴게요."

우선 안전선 씨는 119에 신고를 한 뒤 이강철 씨의 다리를 짓누

르고 있는 나무판자를 들어내 보려고 낑낑거렸다. 하지만 워낙에 두꺼운 데다가 물을 잔뜩 머금고 있는 나무판은 안전선 씨의 힘으로는 들려지지 않았다.

"으윽~ 빨리 좀 치워 주게. 아이고, 아야."

"저도 지금 최선을 다하고 있다고요."

하지만 안전선 씨가 아무리 용을 써도 나무판자는 비웃기라도 하듯 꿈쩍을 하지 않았다.

"도르래를, 도르래를 한 번 써 보게."

이강철 씨는 기운이 점점 빠져 힘없이 한마디를 내뱉고는 그만 기절해 버렸다. 안전선 씨는 무릎을 치며 도르래를 반대쪽 천장에 연결하고는 그 끝을 나무판자에 걸고 다른 쪽 끝을 잡아당기기 시작했다. 하지만 잠시 움직이는가 싶던 나무판자는 이내 다시 주저앉아 버렸다. 그 사이에 119 앰뷸런스가 도착하여 이강철 씨의 다리를 짓누르고 있던 나무판자들을 손쉽게 치우고는 이강철 씨를 병원으로 후송했다. 안전선 씨는 그제야 안도의 한숨을 내쉬었다. 하지만 이미 너무 오랜 시간 동안 나무판자 밑에 깔려 있었던 터라 이강철 씨는 한 달이 넘게 병원 신세를 져야만 했다. 그리고 안전선 씨에게는 한 통의 고소장이 날아왔다. 그 고소장에는 안전선 씨가 가게의 도르래를 이용해 충분히 사장을 구할 수 있었는데도 그러지 않은 과실이 있다는 내용이 실려 있었다.

"말도 안 돼. 난 도르래를 써서 구해 보려고 했었다고!!"

안전선 씨는 고소장을 아무데나 구겨 넣고는 물리법정으로 향했다.

고정 도르래는 물체에 주는 힘은 같고 방향은 반대입니다.
움직 도르래는 물체를 들어올리는 힘을 반으로 줄이지만
당겨야 하는 줄은 두 배로 늘어납니다.

도르래는 어떤 원리로
물건을 옮겨 놓는 것일까요?
물리법정에서 알아봅시다.

재판을 시작합니다. 먼저 피고 측부터 변론하세요.

'물에 빠진 사람 건져 놓으니 보따리 내놓으라 한다.' 이런 속담 들어보신 적 있으신지요, 재판장님?

들어본 적이야 물론 있습니다만…… 그게 지금 이 재판과 무슨 관련이 있는 거죠? 여기는 물리법정이지 속담대회가 아닙니다.

지금 이 상황이 바로 이 속담과 같은 상황 아닙니까? 피고는 최선을 다해 원고를 구하려고 애를 썼는데, 아니 이제 와서 보따리를 내놓으라니요. 본 변호인은 정말 분노를 참을 수가 없습니다. 이 사건은 오히려 피고가 원고에게 명예 훼손을 당한 것임을 거듭 강조합니다.

알았으니 진정하시고, 원고 측 변론하세요.

존경하는 재판장님, 저희는 돌리래 연구소의 도라라 박사님을 증인으로 요청하는 바입니다.

좋습니다. 증인 올라오세요.

이윽고 크고 작은 도르래가 가득 담긴 상자를 든 큰 키에 날씬한 여자가 증인석에 올랐다. 그리고는 능숙한 솜씨로 탁자 위에 도르래 모형을 설치했다.

도르래를 사용하여 무거운 물체를 쉽게 들 수 있는 방법이 있습니까?

도르래를 적당하게 설치하여 사용하면 적은 힘으로 무거운 물체를 들 수 있습니다. 지금 제가 설치하는 도르래가 그것을 보여 줄 수 있을 겁니다.

원고가 다쳤을 때도 도르래를 제대로 사용했다면 원고를 빨리 구할 수 있었다는 의미인가요?

물론입니다. 피고는 원고를 구할 때 고정 도르래 하나만 사용하여 당긴 것으로 보이는데 고정 도르래만을 사용하면 힘이 들어서 무거운 물체를 들 수 없습니다.

고정 도르래 이외에 다른 도르래를 사용해야 하나요?

움직 도르래를 사용하면 됩니다. 도르래에는 고정 도르래와 움직 도르래가 있는데 둘은 차이점이 있습니다. 고정 도르래는 물체를 들어 올리는 방향을 바꾸어 주는 역할을 하고 움직 도르래는 물체를 들어 올리는 힘을 반으로 줄여 주어 쉽게 들 수 있게 해 줍니다. 대신에 고정 도르래는 물체의 무게와 같은 힘이 필요하고 움직 도르래는 두 배의 길이를 당겨야 합니다.

피고는 단순히 고정 도르래만을 사용했기 때문에 물체의 무게 만큼의 힘으로 당겨야 했는데 피고의 힘으로는 버거웠으리라 보입니다. 고정 도르래와 움직 도르래를 함께 사용했다면 힘이 절반으로 줄어들어 원고를 빨리 구할 수 있었을 겁니다.

움직 도르래를 사용하지 않았기 때문에 119 구급대가 도착할 때까지 기다릴 수밖에 없었고 그만큼 원고를 구하는 시간이 길어지게 되었군요. 도르래의 개수에는 어떤 관계가 있습니까?

고정 도르래와 움직 도르래를 하나씩 달 때마다 줄을 당기는 방향이 바뀌고 물체를 당기는 데 필요한 힘도 절반씩 계속 줄어듭니다. 움직 도르래를 하나씩 달 때마다 고정 도르래를 하나씩 달아 주면 되는데 움직 도르래가 늘어나면 힘은 계속 반으로 줄어들지만 물체를 들기 위해 당겨야 하는 줄의 길이가 계속 늘어나므로 적당히 조절할 필요가 있습니다.

움직 도르래는 당기는 데 필요한 힘을 반으로 줄여 주는 대신 당기는 길이가 늘어나니깐 둘 다 고려를 해서 연결해야겠군요.

그렇죠, 둘을 복합해서 사용했다고 해서 복합 도르래라고 합니다. 복합 도르래를 사용했다면 적은 힘을 들이면서 원고를 구하는 데 드는 시간도 적게 들었을 것이므로 피고가 고소장을 받을 일이 없었을 겁니다.

피고는 도르래를 만들어 판매하는 직업을 가졌음에도 도르래를 효율적으로 사용하지 못했다고 하니 참 안타깝습니다. 피

고는 자신의 과실로 원고가 병원에 오랫동안 누워 있어야 한다는 것을 인정하고 자신의 책임감 없는 직업의식을 반성해야 합니다.

 도르래를 만들어 판매하는 직업을 가진 피고의 과실이 어느 정도 인정이 됩니다. 자신의 직업에 대한 책임감을 가지고 도르래의 특징과 사용법을 알았다면 큰 피해를 막을 수 있었을 것이라 생각됩니다. 피고는 자신의 과실에 대해 반성하고 도르래에 대한 모든 것을 파악하여 좀 더 분발하는 모습을 보이도록 하십시오. 이상으로 재판을 마치도록 하겠습니다.

재판이 끝난 후, 안전선 씨는 도르래의 제대로 된 사용법을 알지 못해 사장님을 병원에 입원하게 한 것을 미안하게 생각하며 직접 병원에 가서 사과를 했다. 그 후 도르래에 대해 공부를 열심히 한 안전선 씨는 도르래의 신기한 점에 흥미를 갖게 되어 모든 것을 도르래를 이용해서 해결해 보려는 도르래 마니아가 되어 버렸다.

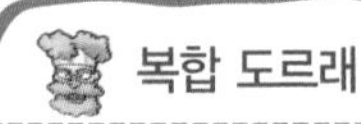

복합 도르래

고정 도르래와 움직 도르래를 적당히 조합하면 힘이 걸리는 방향을 바꿈과 동시에 힘의 효과를 확대할 수 있는데 이렇게 두 종류의 도르래가 섞여 있는 것을 복합 도르래라고 한다. 이 경우 힘의 방향도 바꾸고 힘의 이득도 생긴다.

못과 나사못

나사못은 어떤 원리로 만들어졌을까요?

못 회사로 유명한 '네일'의 회장인 나못난 씨는 오늘도 기분이 좋았다. 푹신한 의자에 앉아 다리를 꼬아 책상 위에 올려놓고 휘파람을 불었다.

'똑! 똑! 똑!'

"들어오게."

홍보팀의 한비열 부장이었다.

"회장님, 기쁜 소식입니다. 갈수록 저희 못의 판매량이 급증하고 있습니다. 하하하, 특히 외국으로 수출하는 못의 양은 헤아릴 수 없을 정도입니다."

"허허허, 그래?"

"그래서 말입니다. 아무래도 우리 못의 가격을 올려야 할 것 같습니다. 어차피 사람들은 우리 못이 비싸도 살 수밖에 없을 겁니다. 하하하."

"그렇겠구만. 좋아. 이번 기회에 한…… 두 배 정도로 가격을 올리자고!"

못의 가격은 하나당 1달란에서 2달란으로 올랐다. 소비자들은 독점 기업인 '네일'에 불만을 표시했다. 하지만 못을 생산하는 회사는 이곳밖에 없었고, 못을 대체할 만한 것은 아무것도 없었다. 접착제로 액자를 걸어도 못으로 걸어 놓은 것만큼 튼튼하지 않았다. 그러던 어느 날 한비열 부장이 다급하게 회장실 문을 열고 들어왔다. 한참 낮잠을 즐기고 있던 나못난 회장은 화들짝 놀라 일어났다.

"무슨 일인가? 노크도 없이 벌컥 들어오고."

"죄송합니다. 워낙 다급한 일이라……."

"다급한 일?"

"네, 회장님. 큰일 났습니다. 텔레비전을 틀어 보십시오."

나못난 회장은 텔레비전 앞으로 갔다. 홈쇼핑을 하고 있었다.

"뭐…… 우리 제품이 홈쇼핑에 한두 번 나온 것도 아닌데 왜 그리 호들갑이야?"

"회장님! 저건 우리 제품이 아닙니다. 자세히 보십시오."

홈쇼핑의 쇼호스트는 활짝 웃으며 제품을 설명하고 있었다.

"고객 여러분 오늘은 아주 획기적인 상품을 가지고 나왔습니다. 그동안 우리 주부님들 비싼 '못' 을 안 살 수는 없고, 울며 겨자 먹기로 비싸게 주고 구입하셨다면 정말 희소식입니다. 바로 못을 대체할 수 있는 제품이 출시되었습니다. 접착제냐고요? 아닙니다. 못보다도 더 쉽고 튼튼하게 사용할 수 있는 제품! 바로 '나사못' 입니다. 이 나사못은 물리학의 천재 나물리 박사님께서 자그마치 30년 동안이나 연구하셔서 드디어 발명하신 물리학의 원리를 고스란히 담고 있는 과학적인 상품입니다. 나물리 박사님께서 직접 이 자리에 나오셨습니다. 박사님!"

머리가 희끗희끗한 백발의 신사가 화면에 비춰졌다.

"네, 고객 여러분 안녕하십니까? 저는 물리학 박사 나물리입니다."

"박사님! 오랜 연구 끝에 이런 훌륭한 상품을 발명하셨는데요. 이 제품의 장점은 무엇일까요? 직접 소개해 주십시오."

"네, 저희 '나사못' 은 물리학의 원리를 이용하여 만든 매우 과학적인 제품입니다. 독점적으로 판매되고 있는 '못' 보다 쉽게 벽에 파고들 수 있습니다. 또한 소비자 분들을 위하여 터무니없이 비싼 가격이 아닌 아주 저렴한 가격에 판매하고 있습니다. 못은 생활의 필수품인데 가격이 비싸다면 아주 부담이 되겠지요. 허허허."

나물리 박사는 너털웃음을 지었다. 홈쇼핑 화면에서는 '주문 폭주' 라는 빨간 글씨가 나타났다.

"네, 현재 주문이 폭주하고 있습니다. 가격이 정말 너무 저렴해요! 못 하나의 가격으로 나사못을 10개는 살 수 있는 것 같아요. 호호호. 여러분! 현재 상담 전화가 폭주하여 연결이 어렵습니다. 될 수 있으면 자동 주문 전화를 이용해 주세요. 자동 주문을 하시는 고객님께는 3달란의 할인 혜택을 드리도록 하겠습니다. 자! 서두르세요! 호호호."

나못난 회장은 화면에서 눈을 뗄 수가 없었다. 한비열 부장이 부르지만 않았어도 홈쇼핑에 전화를 했을지도 모른다. 그만큼 못 회사의 회장도 끌릴 만한 상품이었다. 한비열 부장은 텔레비전의 전원을 껐다.

"회장님!"

"어…… 어! 그래! 이게 어떻게 된 일인가?"

나못난 회장은 그제야 정신을 차렸다.

"정말 심각한 문제입니다. 저렇게 저렴한 가격에 못을 대체할 수 있는 상품이 나오다니…… 소비자들이 모두 저 '나사못'에 몰리고 있습니다. 이러다가……."

"말도 안 되는 소리! 나물리인지 뭔지! 저 사기꾼이 나의 회사를 무너뜨리려 하다니……."

나못난 회장은 이를 악물었다. 수십 년의 고생 끝에 정상에 올랐는데 그 자리를 내줄 수 없었다.

"회장님! 이제 어떻게 해야 합니까?"

"일단은 간부 회의를 소집하게!"

'네일' 의 간부들은 모두 긴급회의에 들어갔다.

"자! 여러분. 현재 우리 회사에 아주 큰 위기가 닥쳤습니다. 다들 이 난관을 극복할 방법을 이야기해 보도록 합시다."

간부들은 모두들 꿀 먹은 벙어리가 되어 버린 듯 보였다. 답답한 나못난 회장은 어린아이처럼 보채기 시작했다.

"가만히들 있지 말고, 어서 말들 좀 해 봐요!"

냉철하기로 소문난 고지식 부장이 말했다.

"현실적으로 제가 소비자라고 해도 '나사못' 제품을 살 것입니다. 사실 우리 '못' 제품은 터무니없이 너무 비싸지 않습니까? 그렇게 소비자들에게 바가지를 씌우니까 이런 일이 생기지요! 으흠."

"이봐요! 고부장! 지금 그런 얘기를 하자는 게 아닙니다. 해결 방안을 말하라고 했지. 불만을 말하는 시간이 아니에요!"

"어쨌든 가격을 나사만큼 내리든지…… 아니면 경쟁력은 거의 없다고 봅니다."

간부들은 쑥덕거렸다. 고지식 부장의 말이 옳았지만 회장의 눈치를 보느라 다들 말하지 못하고 있었던 것이다. 한비열 부장은 갑자기 자리에서 벌떡 일어나 말했다.

"쳇! 그까짓 싸구려 나사못이 무슨 대수라고…… 괜히 우리 못의 가격을 낮추었다가는 오히려 우리의 럭셔리한 이미지에 타격을 받을 것입니다. 부유층에서는 비싸다는 이유로 우리 못을 사는 사람들이 대부분이니까요. 못은 마니아층이 있습니다."

고지식 부장은 이에 질 수 없다는 듯 언성을 높였다.

"그 마니아가 몇 명이나 됩니까? 몇 안 되는 마니아가 우리 회사의 매출을 유지해 준답니까? 당장 못의 가격을 낮추세요!"

한비열 부장은 더 이상 할 말이 없었다. 회장은 한 부장에게 눈치를 보내었다. 하지만 한부장은 회장의 눈을 바라보지 못했다. 회장이 헛기침을 하며 말했다.

"자, 일단 오늘은 여기까지 합시다. 콜록! 내가 몸이 안 좋아서……."

한부장은 회장의 애완견처럼 나가는 회장의 뒤꽁무니를 따라나섰다. 회장실로 들어가자 나못난 회장은 호통을 쳤다.

"이게 뭐야? 괜히 못을 비싸게 팔자고 해 가지고는…… 이제 우리 회사는 완전 망한 거야. 망했어!"

한비열 부장은 쩔쩔매며 말했다.

"저기…… 회장님, 제게 좋은 생각이 있는데……."

"자네 말은 이제 안 믿어! 어서 나가게!"

"회장님! 마지막으로 한번만 믿어 주세요. 나사의 나물리 박사를 고소하는 것입니다."

"뭐? 뜬금없이 무슨 수로 그 사람을 고소해?"

"우리 못보다 쉽게 벽에 파고들 수 있는 것은 이 세상에 없습니다. 그는 지금 세계적으로 사기를 치고 있습니다. 아주 그냥 나쁜 사기꾼입니다."

"그렇긴 하지."

"그러니까 고소를 해서 감옥에 넣으면 누가 나사못을 사겠습니까? 그렇게 되면 우리 못은 다시 인기를 얻는 거죠!"

회장은 한비열 부장의 말에 솔깃했다. 그리고 다음 날 나못난 회장은 물리법정으로 가서 나물리 박사를 사기죄로 고소하였다.

나사못은 빙글빙글 돌면서 물체를 파고들기 때문에 못과 달리 움직이는 길이는 길어지지만 적은 힘으로 쉽게 박을 수 있습니다.

나사못에는 어떤 원리가 사용될까요?
물리법정에서 알아봅시다.

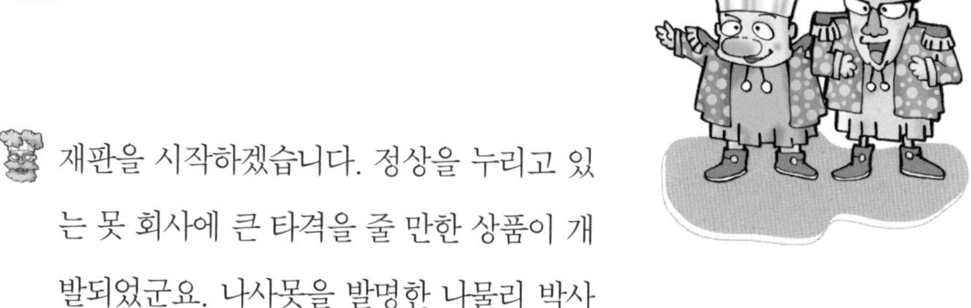

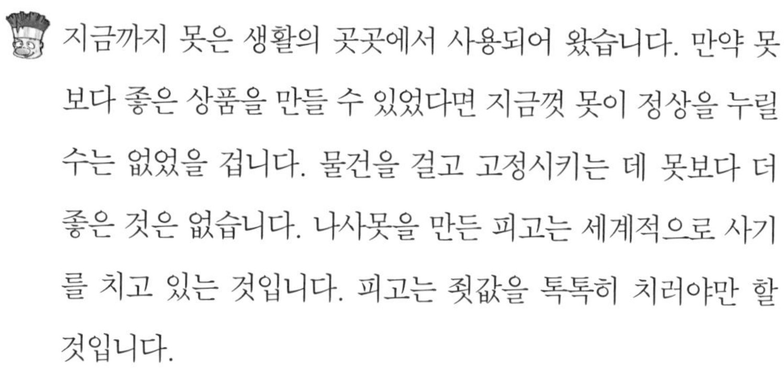

재판을 시작하겠습니다. 정상을 누리고 있는 못 회사에 큰 타격을 줄 만한 상품이 개발되었군요. 나사못을 발명한 나물리 박사가 어떻게 고소를 당한 건지 알아보도록 하죠. 원고 측 변론을 시작 하십시오.

지금까지 못은 생활의 곳곳에서 사용되어 왔습니다. 만약 못보다 좋은 상품을 만들 수 있었다면 지금껏 못이 정상을 누릴 수는 없었을 겁니다. 물건을 걸고 고정시키는 데 못보다 더 좋은 것은 없습니다. 나사못을 만든 피고는 세계적으로 사기를 치고 있는 것입니다. 피고는 죗값을 톡톡히 치러야만 할 것입니다.

물론 못이 생활의 많은 부분에서 편리하게 사용되고 있다는 것을 압니다. 하지만 못보다 더 유용하게 사용할 수 있는 것이 있다면 벌이 아니라 상을 줘야 하겠지요? 물치 변호사도 그렇게 생각하지요?

아…… 네…… 만약 그런 물건이 있다면 상을 줘야겠지요. '이궁~~ 판사님의 유도 신문에 걸려들었군.'

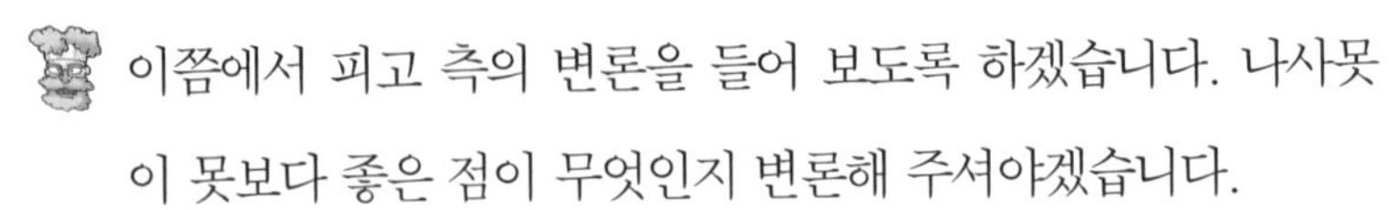

이쯤에서 피고 측의 변론을 들어 보도록 하겠습니다. 나사못이 못보다 좋은 점이 무엇인지 변론해 주셔야겠습니다.

그동안 벽에 못을 박는 것은 힘이 많이 들고 망치의 쿵쿵거리는 소음이 짜증을 유발하기도 했습니다. 이러한 문제점을 모두 보완한 것이 나사못이며 원고 측의 못보다 훨씬 저렴하게 판매하고 있어 앞으로는 불편하고 비싼 못을 사용하는 대신 나사를 사용하는 사람들이 훨씬 많아질 것이라고 확신합니다.

나사못이 못보다 훨씬 적은 힘으로 조용하게 벽에 박을 수 있는 겁니까?

나사못의 원리에 대해서는 누구보다도 나사못을 개발한 나물리 박사님의 설명을 듣는 것이 이해하기 좋을 것입니다. 나물리 박사님을 증인으로 신청합니다.

피고를 증인으로 받아들이겠습니다.

나물리 박사는 부끄러움을 타는 듯 약간의 미소를 머금고 희끗희끗한 머리를 긁적이며 증인석에 앉았다.

나사못을 개발하신 것을 축하드립니다. 못보다 나사못이 훨씬 쉽고 편리하게 벽에 박히는 원리가 무엇입니까?

못의 모양은 민자형으로 망치로 못의 머리를 두드려서 박기 때문에 딱딱한 벽 사이로 들어갈 때 마찰력을 굉장히 많이 받

습니다. 반면에 나사못의 모양은 사선으로 빗면처럼 되어 있어서 빙글빙글 돌리면 벽안으로 들어가게 되어 있는데 같은 깊이로 박을 때 나사못의 몸을 여러 번 돌리기 때문에 실제 길이는 훨씬 길어집니다. 또한 빗면을 타고 올라가므로 적은 힘으로도 쉽게 박을 수 있고 소음도 거의 없답니다.

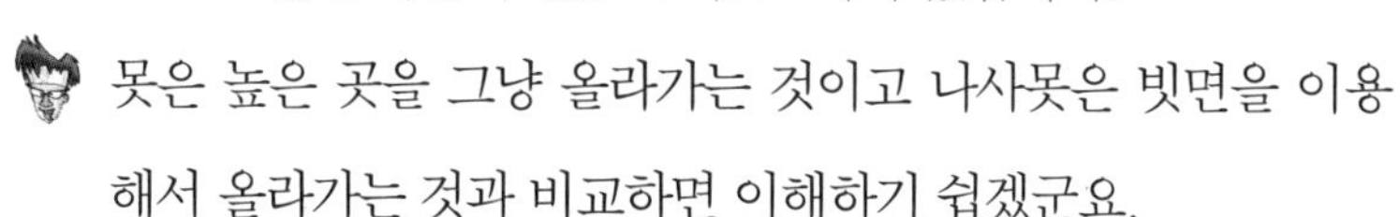
못은 높은 곳을 그냥 올라가는 것이고 나사못은 빗면을 이용해서 올라가는 것과 비교하면 이해하기 쉽겠군요.

그렇지요, 같은 높이의 산을 올라갈 때 수직 위로 올라가면 수직 길이만큼만 올라가는 대신 중력과 같은 힘으로 거슬러 올라가야 하므로 힘이 많이 들지만 빗면으로 올라가면 거리는 길어지지만 적은 힘으로 산을 오를 수 있는 겁니다. 나사는 빗면을 빙글빙글 돌려놓았다고 보시면 됩니다.

연약한 여성은 망치질을 잘 못하는 경우가 많은데 나사는 못보다 훨씬 쉽게 사용할 수 있어 인기가 많겠습니다. 생활에 대변화가 일어날 것이라 기대됩니다. 나사못은 빗면의 원리를 이용하여 개발되었으며 못보다 쉽고 편리하게 사용할 수 있다는 것을 확인했습니다. 원고가 피고를 고소한 것은 피고의 개발품을 질투하여 모함하기 위한 것이었다고 생각됩니다. 피고에 대한 원고의 사과를 요구합니다.

원고의 불확실한 판단과 질투로 본의 아니게 피고를 사기꾼으로 의심한 점에 대해 사과를 하도록 하십시오. 생활에 편리한

나사못을 발명한 피고는 그동안의 노고가 빛을 발하는 것 같아 보기 좋습니다. 앞으로도 생활에 편리한 좋은 발명품을 개발하길 기대합니다. 이상으로 재판을 마치겠습니다.

재판이 끝난 후, 나못난 씨는 질투에 눈이 멀어 나물리 씨를 사기꾼으로 고소한 것에 대해 사과를 했다. 사건이 있은 후 나사못의 좋은 점을 알게 된 나못난 씨도 못 대신에 유용한 더 좋은 것을 발명하기 위해 하루 종일 과학책만 들여다보고 있다는 소식이다.

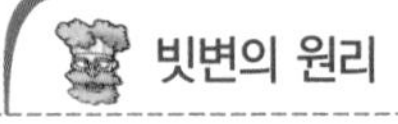

빗변의 원리

물체를 같은 높이까지 올리는 데 빗변을 이용하면 더 적은 힘으로 물체를 같은 높이까지 올릴 수 있다. 이것을 빗변의 원리라고 하는데 빗변이 완만할수록 힘의 이득이 더 커진다.

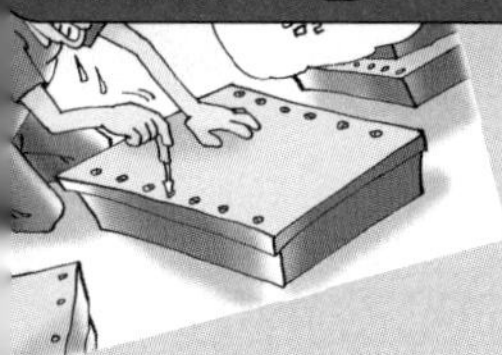

돌아가지 않는 나사

적은 힘을 들여 나사를 쉽게
뺄 수 있는 방법이 있을까요?

취업 준비생인 이모델 씨는 오늘도 번번이 퇴짜를 맞았다.

"아…… 이럴 줄 알았으면 공부 좀 해 놓는 건데."

서글서글한 눈매에 잘생긴 외모의 이모델 씨는 학생 시절 때 여학생들에게 인기가 많아서 온통 연애에만 정신이 팔려 공부를 소홀히 한 탓에 배운 기술이라고는 아무것도 없었다. 하지만 잘생긴 외모만 가지고 취업을 하기는 하늘의 별 따기였고 따라서 이모델 씨는 서른이 다 되도록 변변한 직장도 없이 백수가 되었다.

"안 되겠어. 이대로 가다가는 정말 굶어 죽을지도 몰라. 내가 지금 자존심 생각할 때가 아니니 할 수 있는 일이라면 뭐든지 해 보자."

뒤늦게야 철이 든 이모델 씨는 닥치는 대로 일을 하기 시작했다. 막노동 일부터 시작해서 몸으로 때울 수 있는 일이라면 밤낮을 가리지 않고 일했다. 그런 그의 모습을 본 건축 회사에서 이모델 씨를 한 리모델링 회사에 소개해 주었다. 그래서 마침내 이씨의 첫 번째 직장 생활이 시작되었다. 출근 첫날 이모델 씨는 한껏 기대에 부푼 마음을 안고 회사로 향했다. 작은 사무실로 들어서자 직원들의 시선이 이모델 씨에게 집중되었다. 때마침 들어온 사장이 이모델 씨를 발견했다. 이모델 씨는 사장에게 자신을 소개했고 순간 사장의 얼굴이 조금 일그러졌다.

"지금 있는 직원도 넘쳐나는데 이런 혹까지 떠 맡기고…… 에이, 짜증 나."

이모델 씨는 사장이 작게 중얼거리는 것을 듣지 못했다. 직원들 앞에서 사장은 이씨를 소개했다.

"아, 이 친구는 이모델 씨라고 앞으로 우리 다시리모델링 회사에서 함께 일하게 될 거라는군."

그렇게 어색하게 첫 인사를 나눈 후에 이모델 씨는 사장과 함께 작업실로 갔다. 사장은 헌 가구가 잔뜩 처박혀 있는 작업실로 이모델 씨를 데리고 가서 말했다.

"지금 여기에 있는 가구들은 모두 우리가 새롭게 만들어야 하는 걸세. 이걸 먼저 분해하는 것이 자네의 일이지."

"그럼 전 뭘 하면 될까요?"

사장은 주머니에서 아주 작은 드라이버 하나를 꺼냈다.

"자, 이 드라이버를 받게."

이모델 씨는 그 드라이버의 작은 크기에 당황해하며 속으로 생각했다.

'에이, 설마 저걸로 여기 있는 가구를 다 분해하라고는 하지 않겠지?'

"그 드라이버로 여기에 있는 100개의 가구를 모두 분해해 주게."

"네에~?"

이모델 씨는 눈이 튀어나올 것만 같았다. 설마 했던 일이 현실로 다가온 것이다.

"하지만 이 작은 드라이버 하나로 어떻게 이 많은 가구들을……."

"드라이버가 크고 작고가 무슨 상관인가? 나사에 들어가기만 하면 됐지. 퇴근 시간 전까지 끝내 놓을 수 있겠지? 그럼 난 이만 나가볼 테니 수고하게."

사장은 음흉한 웃음과 함께 콧노래를 부르며 유유히 작업실을 나섰다. 이모델 씨는 망연자실한 표정으로 드라이버를 한참 동안 바라보았다. 그러다가 퍼뜩 정신을 차렸다.

"내가 지금 이럴 때가 아니지. 어서 100개를 채워서 본때를 보여

주겠어!"

이모델 씨는 기합 소리와 함께 가구들의 나사를 찾아 하나하나 풀기 시작했다. 하지만 새 가구도 아니고 오래되어 녹이 슬고 빽빽해진 나사를 작은 드라이버 하나로 분해하는 것은 쉬운 일이 아니었다. 이씨는 100개는커녕 한 시간 만에 겨우 하나를 분해할 수 있었다. 손에 하도 힘을 준 탓인지 나사를 돌릴수록 이모델 씨는 손이 덜덜 떨리기 시작했다. 그리고 야속하게도 시간은 빨리 흘러 마침내 6시 정각 퇴근 시간이 되었다. 사장이 작업실에 들어서서 가구들을 둘러보았다.

"하나, 둘, 셋, 넷……. 총 스무 개 정도 분해했구먼. 목표량의 절반도 채우지 못했어. 자네도 인정하지?"

"네……."

이모델 씨는 고개를 푹 숙였다.

"나는 자네처럼 이렇게 번지르르한 얼굴만 믿고 우리 회사에 취직하려는 사람은 받아줄 수 없네. 우리 회사에서 일하기로 했던 건 없었던 걸로 하세."

"네? 그런 게 어디 있습니까? 어떤 사람이라도 이렇게 작은 드라이버로 하루 만에 이 많은 가구들을 분해할 수는 없지 않습니까?"

사장이 눈을 가늘게 뜨고 말했다.

"자네는 심지어 변명거리만 찾고 있구먼. 됐네. 자네 같은 사람은 우리 회사에 필요 없어."

이모델 씨는 기가 막혔다. 이건 처음부터 자신을 골탕 먹이려는 수작이었다는 생각이 들었다. 이씨는 이를 악물고는 회사를 나섰다. 그리고 곧바로 물리법정으로 향했다.

손잡이를 잡아서 돌리는 곳이 드라이버의 중심에서 멀리 떨어질수록 돌리는 힘이 클수록 회전력이 커지기 때문에 적은 힘으로 드라이버를 회전시키기 위해서는 손잡이의 두께가 두꺼우면서 중심에서 손을 잡는 곳까지의 거리가 멀어야 하지요.

드라이버의 손잡이는 왜 크게 만들까요?

물리법정에서 알아봅시다.

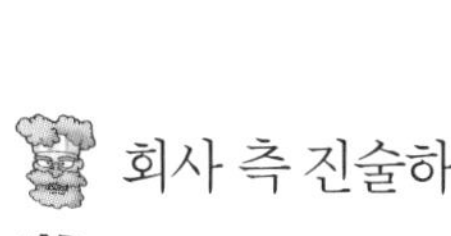

회사 측 진술하세요.

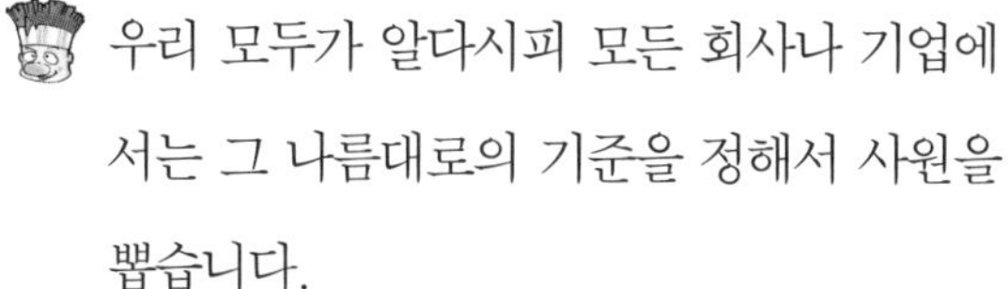

우리 모두가 알다시피 모든 회사나 기업에서는 그 나름대로의 기준을 정해서 사원을 뽑습니다.

그래서요?

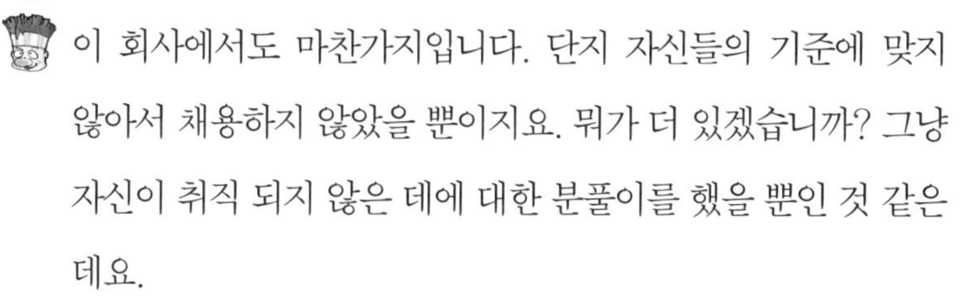

이 회사에서도 마찬가지입니다. 단지 자신들의 기준에 맞지 않아서 채용하지 않았을 뿐이지요. 뭐가 더 있겠습니까? 그냥 자신이 취직 되지 않은 데에 대한 분풀이를 했을 뿐인 것 같은데요.

근거 없는 추리는 그만하시기 바랍니다.

근거는 없지만 정황상 뻔하다 그런 거죠. 에이…… 다 아시면서 왜 이러세요.

느끼하게 굴지 말고 변론이나 잘하세요. 다음 이모델 씨 측 변론 하세요.

저희는 주축연구소의 주춧돌 씨를 증인으로 요청합니다.

허락합니다.

곧이어 증인석에 땅딸막한 남자가 드라이버 모양의 지팡이와 커다란 나사 모형을 안은 채 올라섰다.

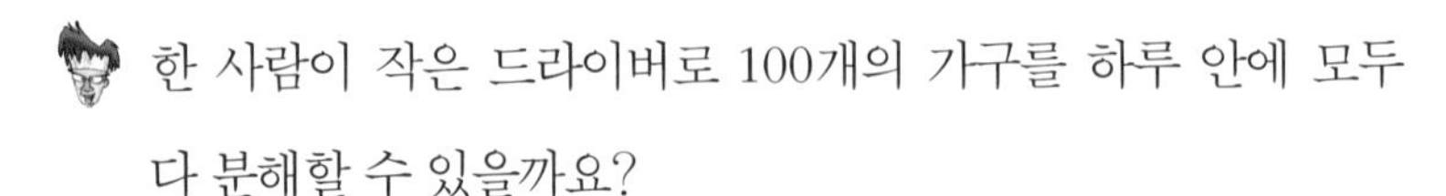

한 사람이 작은 드라이버로 100개의 가구를 하루 안에 모두 다 분해할 수 있을까요?

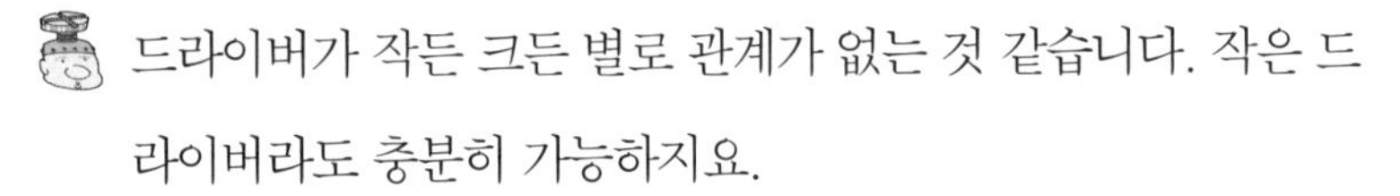

드라이버가 작든 크든 별로 관계가 없는 것 같습니다. 작은 드라이버라도 충분히 가능하지요.

원고가 제대로 일을 하지 않아서 하루 종일 20개 정도밖에 분해하지 못했다는 말씀이십니까? 어느 누구도 원고에게 주어진 작은 드라이버로는 나사를 풀어내기가 힘들었을 것입니다.

원고가 잘못했다거나 능력이 없어서 나사를 못 풀었다는 것은 아닙니다. 작은 드라이버를 사용하여 나사를 풀어내는 것이 가능하려면 드라이버 손잡이의 두께가 굵으면 됩니다. 피고가 원고에게 준 작은 드라이버는 손잡이의 두께가 너무 얇다고 판단되는군요.

드라이버 손잡이와 나사가 잘 돌아가는 것과는 어떤 관계가 있습니까?

드라이버가 돌아갈 수 있도록 드라이버를 돌리는 힘을 주는 곳이 손잡이입니다. 손잡이를 돌리는 것은 회전력을 준다는 것입니다. 회전력, 즉 토크를 주는 것과 손잡이의 두께가 관련이 있지요. 손잡이에 힘을 조금만 주어도 토크가 크게 주어진다면 작은 드라이버라도 쉽게 나사를 풀어낼 수 있을 것입니다.

드라이버 손잡이의 두께가 두꺼우면 작은 힘으로 드라이버를 돌릴 만큼의 회전력이 만들어집니까?

그렇습니다. 드라이버가 돌아가기 위해서는 일정한 회전력이 필요한데, 회전력은 주어지는 힘과 주어지는 힘이 회전의 중심에서 얼마나 떨어져 있는지에 영향을 받습니다. 손잡이를 잡아서 돌리는 곳이 드라이버의 중심에서 멀리 떨어질수록 또 돌리는 힘이 클수록 회전력이 커집니다. 따라서 드라이버의 손잡이의 두께가 두꺼울수록 중심에서 손을 잡는 곳까지의 거리가 커져서 적은 힘으로 드라이버를 회전시킬 수 있지요. 따라서 손잡이가 큰 작은 드라이버로는 쉽게 나사를 돌릴 수 있지만 피고가 원고에게 준 손잡이가 작은 드라이버로는 나사 하나를 돌리는 데 많은 힘이 필요하므로 보통 사람의 팔 힘으로는 하루에 100개의 가구를 분해하는 것은 불가능하다고 보입니다.

작은 손잡이의 드라이브는 비효율적이기 때문에 피고는 원고에게 작은 드라이브를 줄 때 손잡이가 두꺼운 드라이브를 주었어야 했군요. 불가능한 일을 하지 못했다고 해서 무능력하다고 할 수 없으며 100개의 가구를 하루 동안 모두 분해하라는 것부터 의도적으로 원고를 회사에서 내보내려고 한 부분도

있다고 보입니다. 원고가 가구를 분해하지 못한 원인은 손잡이가 작은 드라이버의 영향이 컸으며 원고는 가구를 분해하는 일에 최선을 다했다고 판단되므로 피고에게 원고의 복직을 요구합니다.

 피고가 의도적으로 원고를 회사에서 내보내려 했다는 확실한 물증이 없으므로 그렇다고 판단 내릴 수 없습니다. 하지만 손잡이가 작은 드라이버로는 하루 동안 100개의 가구를 분해하는 것이 불가능하다는 것은 인정되므로 피고는 원고가 회사를 계속 다닐 수 있도록 복직 요구를 받아들여야 합니다. 이상으로 재판을 마치도록 하겠습니다.

재판이 끝난 후, 이모델 씨를 회사에서 내보내기 위해 심통 부렸던 사장은 결국 자신의 잘못을 시인하고 이모델 씨를 복직시켰다. 복직이 된 이모델 씨는 감사한 마음으로 열심히 나사를 풀고 조였다.

과학성적 끌어올리기

지레의 원리

지레는 적은 힘으로 큰 힘을 얻을 수 있는 장치입니다. 지레의 원리를 처음 발견한 사람은 그리스의 아르키메데스입니다. 그럼 지레의 원리를 자세히 알아보죠. 다음과 같이 무게가 100N인 물체가 지레의 한 쪽에 놓여 있다고 합시다. 이때 물체가 놓여 있는 지점을 작용점이라고 하고, 힘이 작용하는 지점을 힘점이라고 합니다. 그리고 지레를 받치고 있는 지점을 받침점이라고 합니다.

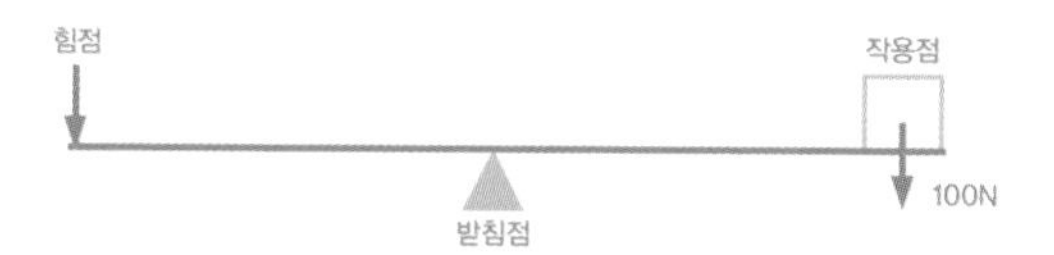

위 그림에서는 받침점에서 힘점까지의 거리와 받침점에서 작용점까지의 거리가 같습니다. 이럴 때는 작용점에 있는 물체의 무게와 같은 크기의 힘을 힘점에 작용해야 물체를 들어 올릴 수 있습니다. 그럼 거리가 달라지면 어떻게 될까요? 예를 들어 받침점에서 힘점까지의 거리가 받침점에서 작용점까지의 거리의 2배가 된다고 합시다.

이때는 작용점에 있는 물체의 무게의 $\frac{1}{2}$배의 힘을 힘점에 작용해야 물체를 들어 올릴 수 있습니다.

마찬가지로 받침점에서 힘점까지의 거리가 받침점에서 작용점까지의 거리의 세 배가 되면 물체의 무게의 $\frac{1}{3}$배의 힘만 작용해도 물체를 들어 올릴 수 있습니다. 그러니까 받침점에서 힘점까지의 거리가 아주 길다면 아주 적은 힘으로 무거운 물체를 들어 올릴 수 있겠죠.

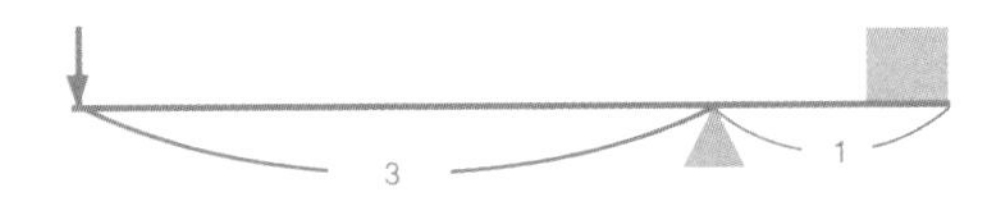

지레의 종류

지레에는 세 종류가 있죠. 우선 1종 지레를 알아보죠. 1종 지레는 받침점을 가운데 두고 양끝에 작용점과 힘점이 있습니다. 그러니까 받침점에서 힘점까지의 거리가 멀수록 적은 힘으로 무거운 물체를 들어 올릴 수 있죠.

1종 지레를 이용한 도구로는 가위, 장도리, 양팔 저울, 손톱깎이 등이 있습니다.

이제 2종 지레에 대해 알아볼까요? 2종 지레는 작용점이 받침점과 힘점 사이에 있습니다.

이때 힘점에 적은 힘을 작용하면 작용점에는 큰 힘이 걸리게 되죠. 2종 지레는 종이를 자르는 기계나 병따개에 쓰입니다.

이제 3종 지레에 대해 알아보죠. 3종 지레는 힘점이 받침점과 작용점 사이에 있습니다.

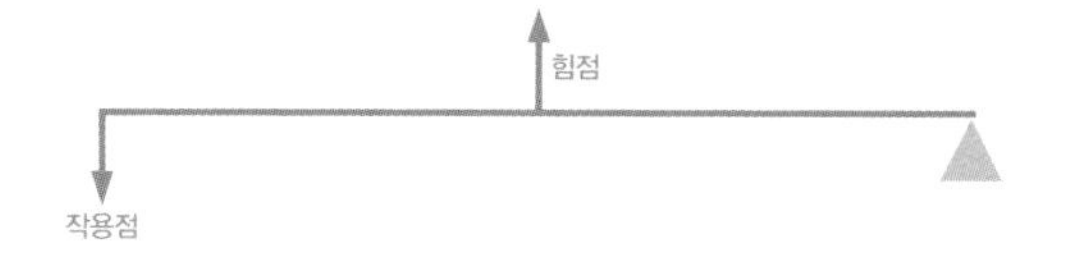

3종 지레는 1종 지레와 2종 지레와는 다르게 힘점에 큰 힘을 작용하면 작용점에는 오히려 작은 힘이 작용합니다. 그래서 젓가락이

나 핀셋 등에 이용됩니다.

도르래의 종류

도르래에는 고정 도르래, 움직 도르래, 복합 도르래의 세 종류가 있죠. 우선 고정 도르래를 볼까요?

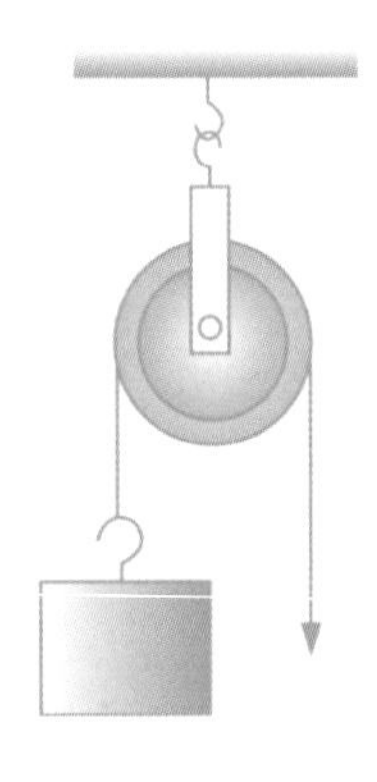

우리가 아래로 힘을 작용하면 반대쪽에 매달린 물체는 반대 방향으로 힘을 받습니다. 고정 도르래를 쓰면 이렇게 물체에 작용하는 힘의 방향을 바꿀 수 있습니다. 하지만 고정 도르래로 100N의 물체를 들어 올리려면 100N의 힘으로 잡아당겨야 합니다. 그러니까 고정 도르래를 사용해도 힘에는 이득이 없죠. 하지만 물체를 사람의 손이 안 닿는 높은 곳으로 올릴 때 고정 도르래를 사용하면 좋죠. 그러니까 국기 게양대나 우물의 두레박에는 고정 도르래를 사용하죠.

이번에는 움직 도르래를 보죠. 움직 도르래는 다음과 같습니다.

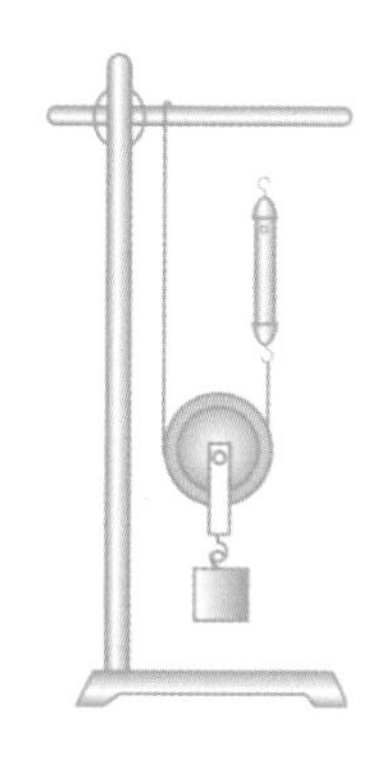

움직 도르래를 쓰면 물체를 들어 올리는 방향과 줄을 당기는 방향이 같습니다. 그러니까 움직 도르래는 힘의 방향을 바꾸지는 않습니다. 하지만 이때는 절반의 힘으로 물체를 들어 올릴 수 있으므로 힘에 이득이 있습니다. 왜 절반의 힘으로 물체를 들어 올릴 수 있는지 볼까요? 위 그림을 보면 위쪽의 기둥에 매달린 줄이 당기는 힘과 손으로 줄을 당기는 힘이 합쳐져 물체의 무게를 지탱하게 됩니다. 그래서 절반의 힘으로 물체의 무게를 지탱할 수 있는 거죠.

그럼 나머지 절반은 누가 지탱하죠? 당연히 위쪽의 기둥에 매달린 줄이 지탱하죠.

이제 복합 도르래에 대해 알아봅시다. 고정 도르래는 힘의 방향을 바꾸고 움직 도르래는 물체의 무게의 절반의 힘으로 물체를 들어 올릴 수 있게 하죠. 그러니까 움직 도르래와 고정 도르래를 함께 설치하면 힘도 절반으로 줄이고 힘의 방향도 바꿀 수 있습니다.

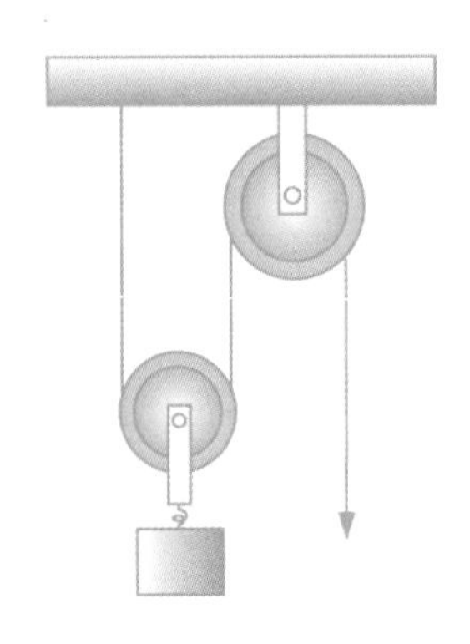

그럼 움직 도르래 2개와 고정 도르래 1개로 복합 도르래를 만들면 물체를 얼마의 힘으로 들어 올릴 수 있을까요?

정답은 물체의 무게의 $\frac{1}{4}$의 힘으로 물체를 들어 올릴 수 있습니다. 그러니까 움직 도르래 1개가 힘을 $\frac{1}{2}$로 줄여 주니까 2개를 설치하면 $\frac{1}{2}$의 $\frac{1}{2}$인 $\frac{1}{4}$의 힘으로 물체를 들어 올릴 수 있는 거죠.

이렇게 복합 도르래를 사용하면 무거운 물체를 쉽게 들어 올릴 수 있습니다. 움직 도르래를 몇 개 사용하는가에 따라 얼마나 힘을 줄일 수 있는지가 결정되겠죠.

그럼 도르래는 누가 발명했을까요? 바로 그리스의 아르키메데스입니다. 그는 로마 군대와의 전쟁에서 움직 도르래를 많이 사용한 복합 도르래를 설치하여 로마 군대의 배를 한 손으로 들어 올려 전쟁을 승리로 이끌었다고 합니다.

빗변의 이용

빗변을 이용하면 적은 힘으로 무거운 물체를 끌어올릴 수 있죠. 하지만 똑바로 들어 올리는 것보다 물체가 움직이는 거리는 길어집니다. 이때 빗변의 경사가 완만할수록 힘이 더 적게 듭니다.

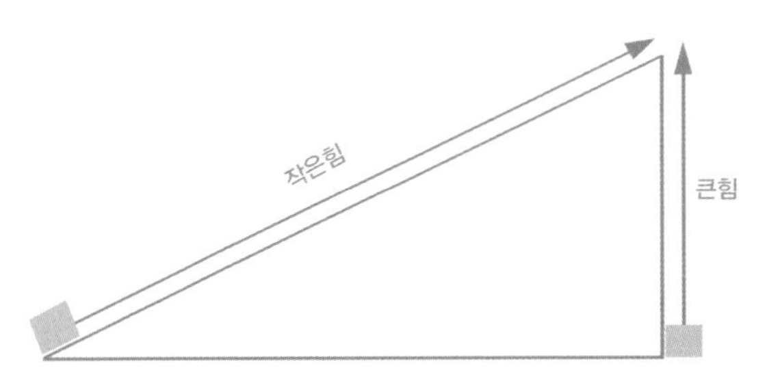

그럼 빗면은 어디에 이용할까요. 무거운 물체를 트럭에 실을 때 트럭의 짐칸과 바닥 사이에 판을 빗변으로 놓으면 적은 힘으로 밀어 짐을 트럭에 실을 수 있죠.

마찬가지로 장애인들이 휠체어를 타고 2층을 올라갈 때 적은 힘으로 휠체어를 밀어 올라갈 수 있도록 1층과 2층 사이를 빗변으로 연결합니다.

산길을 보면 빗변으로 되어 있죠? 이것도 적은 힘으로 산을 올라가기 위한 거죠.

못보다는 나사못이 벽에 박기가 쉽죠? 보통의 못은 똑바로 박히지만 나사못에는 빗변이 있어서 같은 깊이까지 박히는데 움직이는 거리는 길지만 보다 적은 힘으로 벽에 고정할 수 있습니다.

축바퀴의 원리

큰 바퀴와 작은 바퀴를 중심으로 연결하여 양쪽의 바퀴가 함께 돌아가도록 한 것을 축바퀴라고 하죠. 이때 큰 바퀴를 작은 힘으로 돌려도 작은 바퀴는 큰 힘으로 돌아가죠. 그러니까 축바퀴는 축을 쉽게 회전시키고자 할 때 쓰입니다.

과학성적 끌어올리기

그럼 축바퀴를 이용하는 예를 볼까요? 먼저 드라이버를 보세요. 손잡이의 반지름은 크고 날 부분의 반지름은 작으니까 손잡이를 작은 힘으로 돌려도 날 부분은 큰 힘으로 돌아가죠.

이번에는 자동차의 핸들을 보죠. 핸들을 왜 크게 만들까요? 운전자가 살살 핸들을 돌려도 바퀴가 쉽게 회전되게 하기 위해서입니다.

또한 문 손잡이도 작은 힘으로 문이 쉽게 열리도록 하기 위해 축바퀴를 쓰는 예죠. 문 손잡이 부분은 반지름이 크고 손잡이와 연결된 부분은 반지름이 작습니다.

축바퀴의 원리는 지레의 원리로부터 나옵니다. 힘을 주는 부분(힘점)은 축의 중심(받침대)에서 멀리 떨어져 있고, 힘이 작용하는 부분(작용점)은 축의 중심에서 가깝기 때문에 큰 힘을 낼 수 있습니다.

물리와 친해지세요

이 책을 쓰면서 좀 고민이 되었습니다. 과연 누구를 위해 이 책을 쓸 것인지 난감했거든요. 처음에는 대학생과 성인을 대상으로 책을 쓰려고 했습니다. 그러다 생각을 바꾸었습니다. 물리와 관련된 생활 속의 사건이 초등학생과 중학생에게도 흥미로울 거라는 생각에서였지요.

초등학생과 중학생은 앞으로 우리나라가 21세기 선진국으로 발전하는 데 필요한 과학 꿈나무들입니다. 그리고 지금과 같은 과학의 시대에 가장 큰 기여를 하게 될 과목이 바로 물리입니다. 하지만 지금의 물리 교육은 직접적인 실험 없이 교과서의 내용을 외워 시험을 보는 형태로 이루어지고 있습니다. 과연 우리나라에서 노벨 물리학상 수상자가 나올 수 있을까 하는 의문이 들 정도로 심각한 상황입니다.

저는 부족하지만 생활 속의 물리를 학생 여러분의 눈높이에 맞추고 싶었습니다. 물리는 먼 곳에 있는 것이 아니라 우리 주변에 있다는 것을 알리고 싶었습니다. 그래서 이 책을 쓰게 되었지요.